シニア人生がガラリと変わる

スマホのワクワク練習帖

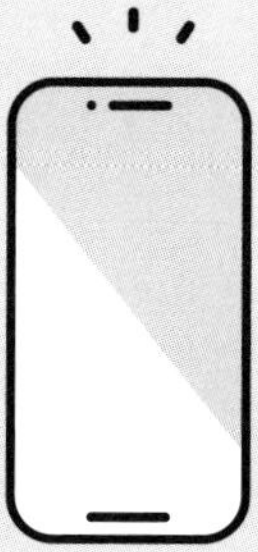

インプレス

はじめに

みなさま、はじめまして。私は兵庫県神戸市で看護師をしている玉井知世子《たまいちよこ》と申します。この本を手に取っていただき、ありがとうございます。

「なぜ看護師がスマホの本を書いているの？」と不思議に思われるかもしれません。私は看護師としてシニアの方々と接する中で、年齢を重ねると人とのつながりが減り、活気や楽しみが減る方が多いことに気付きました。そんな中、シニアの方々の毎日がもっと楽しくなるために、「スマホで人とのつながりが維持できるようにサポートしよう」と考え、2021年からスマホ教室を始めました。

さらに、シニアの方々から「もっとたくさんの人と話したい」という思いを聞き、自宅からスマホを使って顔を見ながら会話を楽しめる『オンライン学級会』を始めました。この取り組みは大きな反響をいただき、2024年には厚生労働省の「健康寿命をのばそうアワード」で表彰されました。

スマホ教室では、「分かりやすい」「安心して質問できる」と好評をいただき、個人レッスンからシニアクラブ、さらには企業や行政とのコラボレーションも全国各地で広がっています。参加者の方々はスマホで友人や家族と連絡を気軽に取り合い、写真を送りあうなどして、以前よりも人との交流が増え喜ばれています。

現在はＮＰＯ法人日本シニアデジタルサポート協会を設立し代表理事として、認定講師の育成を進め、全国各地で講師の輪が広がり、スマホ教室の生徒さんの数は五千名を超えています。

そんなある日、この本の出版社インプレスさんからご連絡を頂きました。本でスマホを教えるというのは初めての事ですが、多くの方々にスマホを安心して楽しく使っていただきたいという想いで企画がスタートいたしました。

その結果、自分でもびっくりするぐらいいい本が出来上がったんです。この本は『ワクワクしながら練習でき、今後の人生がガラリと変わるお手伝いをしてくれます。』

この本をみなさまにお勧めする理由は三つあります。

①ただ読むだけのスマホ本ではありません。この本のためだけに作られた公式ＬＩＮＥ（ライン）で私とつながり、キーワードを入力することで私からの返事や、皆さんに挑戦していただくお題やビデオレターをお送りしています。こんなに実践がで

き、スマホの先生が近くに感じる本はおそらくスマホ本史上初です！

②10級から1級まで、順を追って学べる練習帖です。一歩一歩進むたびに、自然と『できた！』の喜びが広がっていきます。一度で覚えようとしなくても大丈夫、何度でもゲーム感覚で練習できます。

③1級では、スマホを使ってご自宅から参加できる『オンライン学級会』にご招待します。シニアの方々が集まる新しいオンラインの居場所です。月替わりの「ゲスト講師」から学び、参加者同士で会話や交流を楽しむことで日々の生活がさらに豊かになります。本と公式LINE（ライン）を使ってスマホ力《りょく》を伸ばした後は、『オンライン学級会』にいる私に会いに来てください。

この本は「自分にもできるかな?」「新しいことを覚えられるかな?」と少し不安な気持ちを抱えている方にピッタリな内容となっています。一つひとつ丁寧にわかりやすく図解した、やさしい入門書。気づいたときにはできることが増え、大切な人と連絡を取りやすくなり、さらに仲が深まる喜びを感じられるでしょう。スマホで広がる新しい世界が皆さんを待っています。

またスマホの使い方を習得したら、ぜひ周りの方々にその知識を伝えてください。それはきっと感謝されると同時に、ご自身のスマホ力をさらに伸ばすきっかけにもなるでしょう。

デジサポ（ＮＰＯ法人日本シニアデジタルサポート協会）のホームページでも、スマホのお役立ち情報などを随時発信していきます。

この本が、皆様に幸せと笑顔、そしてワクワクする毎日を届けるきっかけとなれば、これ以上の喜びはありません。

最後にこの本を出版するにあたり、応援してくださった多くの方々に心より感謝を申し上げます。

ＮＰＯ法人日本シニアデジタルサポート協会　代表理事 玉井 知世子

目次

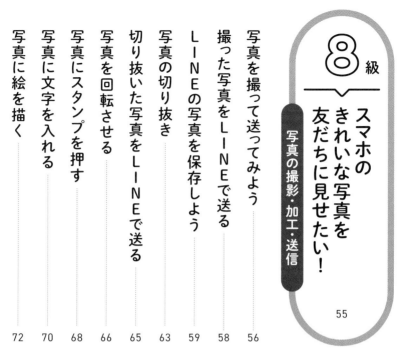

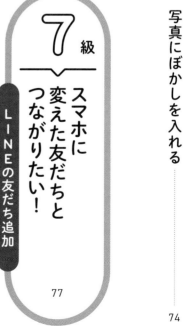

6級 LINEにも慣れたので！

LINEのグループ・スタンプの利用

コラム

5級 無料で電話が使えるの？

電話を取る

4級 さっそく電話を使ってみよう！

電話をかける

3級 スマホにも慣れたのでほかのアプリも使ってみたい！

YouTube・マップ・SMS

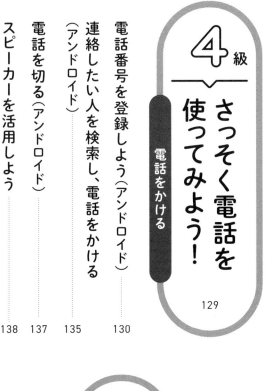

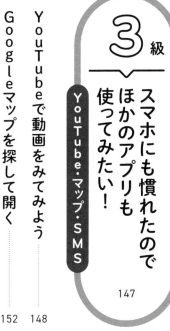

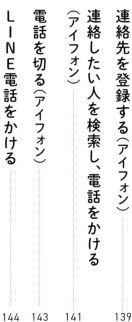

2級 アプリを入れても大丈夫？
アプリストア

1級 学級会で先生と交流しよう
顔を見て話せるZOOM

●本書は、2025 年 2 月時点の情報をもとに構成しています。本書の発行後に各種サービスの機能や操作方法、画面などが変更される場合があります。

●本書発行後の情報については、弊社のWeb ページ（https://book.impress.co.jp/）などで可能な限りお知らせいたしますが、すべての情報の即時掲載および確実な解決をお約束することはできかねます。また本書の運用により生じる、直接的、または間接的な損害について、著者および弊社では一切の責任を負いかねます。あらかじめご理解、ご了承ください。

●本書の内容に関するご質問については、該当するページや質問の内容をインプレスブックスのお問い合わせフォームより入力してください。電話やFAX などのご質問には対応しておりません。なお、インプレスブックス（https://book.impress.co.jp/）では、本書を含めインプレスの出版物に関するサポート情報などを提供しております。そちらもご覧ください。

●本書発行後に仕様が変更されたハードウェア、ソフトウェア、サービスの内容などに関するご質問にはお答えできない場合があります。該当書籍の奥付に記載されている初版発行日から 3 年が経過した場合、もしくは該当書籍で紹介している製品やサービスについて提供会社によるサポートが終了した場合は、ご質問にお答えしかねる場合があります。

●書籍に掲載している手順以外のご質問・ハードウェア、ソフトウェア、サービス自体の不具合に関するご質問、本書に記載されている会社名、製品名、サービス名は、一般に各開発メーカーおよびサービス提供元の登録商標または商標です。なお、本文中には™ および® マークは明記していません。

●QRコードは株式会社デンソーウェーブの登録商標です。

●本書での解説にはGoogle Pixel8 およびiPhone13 miniを利用しています。iPhoneの正式な日本語表記は「アイフォーン」ですが、本書では一般的な呼称である「アイフォン」とします。

●本書で紹介する「オンライン学級会」は予告なくサービスを変更または終了することがあります。オンライン学級会の参加人数は1回の開催につき100 名（スタッフやボランティア含む）までです。

はじめる前に

玉井

この本では、実際に練習をしながらスマホに慣れるためにさまざまな工夫がしてあります。

スマホの練習をはじめる前に、次のことをおさえておきましょう。

・スマホの種類について
・この本でよく使うＬＩＮＥ（ライン）の見つけ方
・本の読み進め方
・玉井先生にＬＩＮＥでメッセージを送るタイミング

次のページからくわしく説明していきますね。

スマホがアンドロイドかアイフォンか確認しよう

玉井

スマホには、大きく分けて「アイフォン」と「アンドロイド」の2種類があります。操作方法が少し異なりますので、ご自身のスマホがどちらなのか確認してみましょう。簡単な見分け方をご紹介します。アイフォンは背面にリンゴのマークがあります。アンドロイドにはリンゴのマークがなく、最初の画面（ホーム画面）の下側にＧｏｏｇｌｅ（グーグル）の検索窓があります。

リンゴのマークがあったらアイフォン

この検索窓があったらアンドロイド

LINEのマークを見つけよう

玉井

LINEを使うときは、まずホーム画面でLINEのマークを見つける必要があります。LINEのマークは、緑色の背景に白い吹き出しのようなものがあり、その中に「LINE」と書いてあります。

玉井

最初に開いた画面にＬＩＮＥのマークが見つからないときは、スマホの画面に指を置き、そのまま下から上に指をすべらせるか、右から左に指をすべらせて、別の画面で探してみてください。

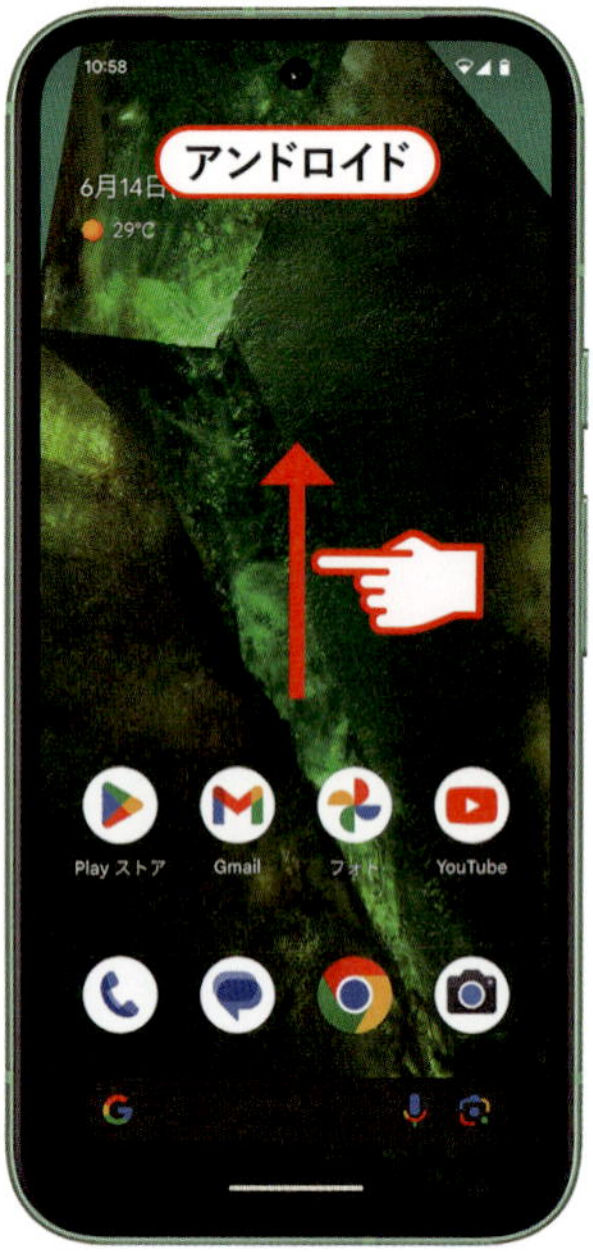

玉井

いくら探してもＬＩＮＥのマークが見つからない場合、まだＬＩＮＥがスマホに入っていないのかもしれません。その場合は本書の2級を開き、そこに書かれている手順を見ながらＬＩＮＥをスマホに入れておきましょう。以下のＱＲコードを読み取ると、ＬＩＮＥの初期設定の解説が見れます（ＱＲコードの読み取り方は10級参照）。

本書の読み進め方

玉井

各級の説明が始まる前に、級のはじまりのページがあります。このページには、級の番号と、この級で何ができるようになるかが書かれています。

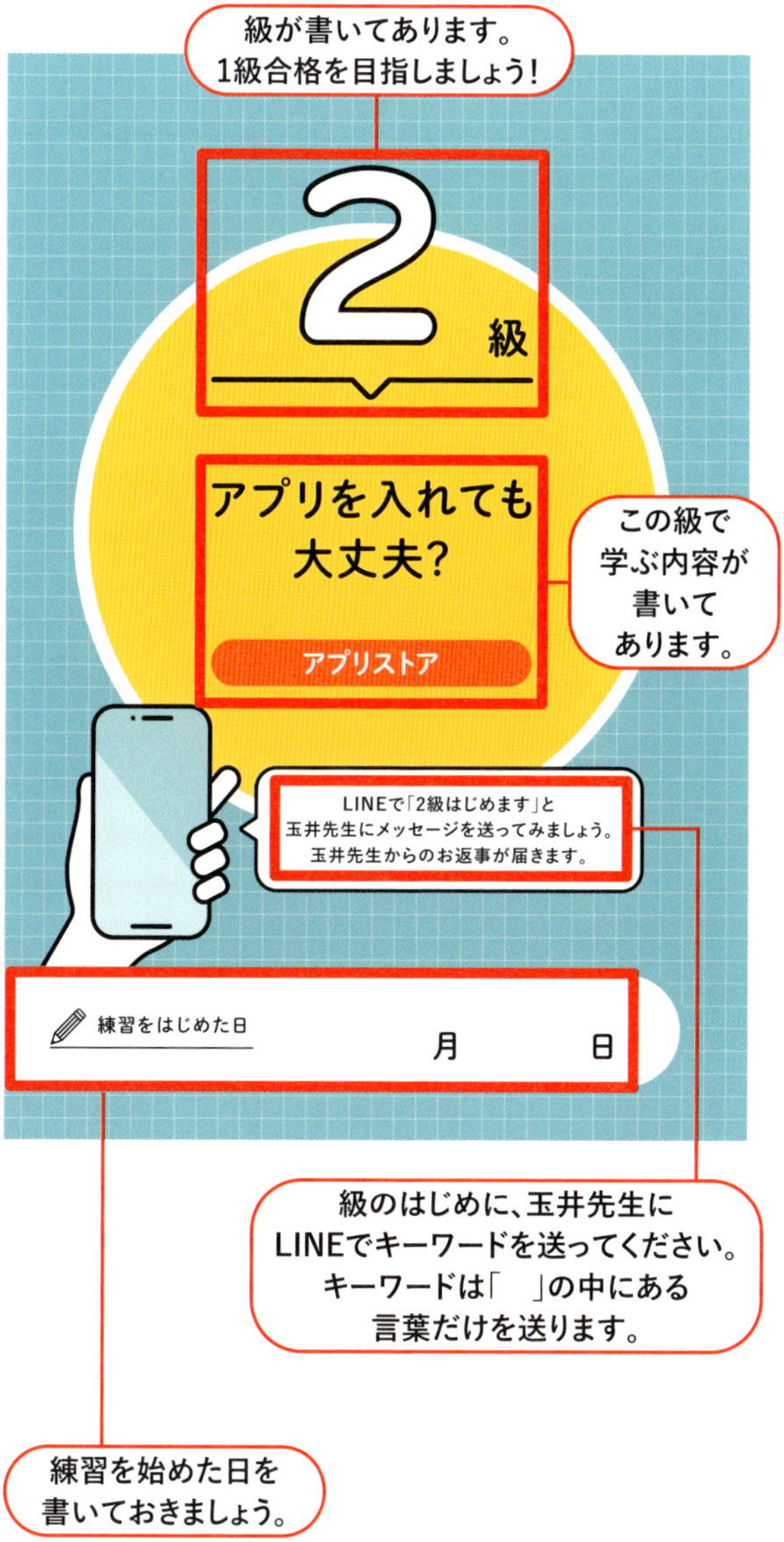

級が書いてあります。
1級合格を目指しましょう!
2 級
アプリを入れても大丈夫?
アプリストア
この級で学ぶ内容が書いてあります。
LINEで「2級はじめます」と玉井先生にメッセージを送ってみましょう。玉井先生からのお返事が届きます。
練習をはじめた日 月 日
級のはじめに、玉井先生にLINEでキーワードを送ってください。キーワードは「 」の中にある言葉だけを送ります。
練習を始めた日を書いておきましょう。

玉井

ページをめくると、私（玉井先生）と生徒役のみどりさんの会話が始まります。私はスマホ教室の講師です。みどりさんは、スマホを学び始めたばかり。みなさんと同じように、はじめは戸惑いながらも、少しずつスマホの操作を覚えていきます。画面を見ながら、ふたりの会話に沿って操作してみましょう。

玉井

画面上部の「アプリとゲームを検索」をタッチすると文字盤が出てきますので「ずーむ」と入力し、右下にある虫眼鏡のマークをタッチしましょう。

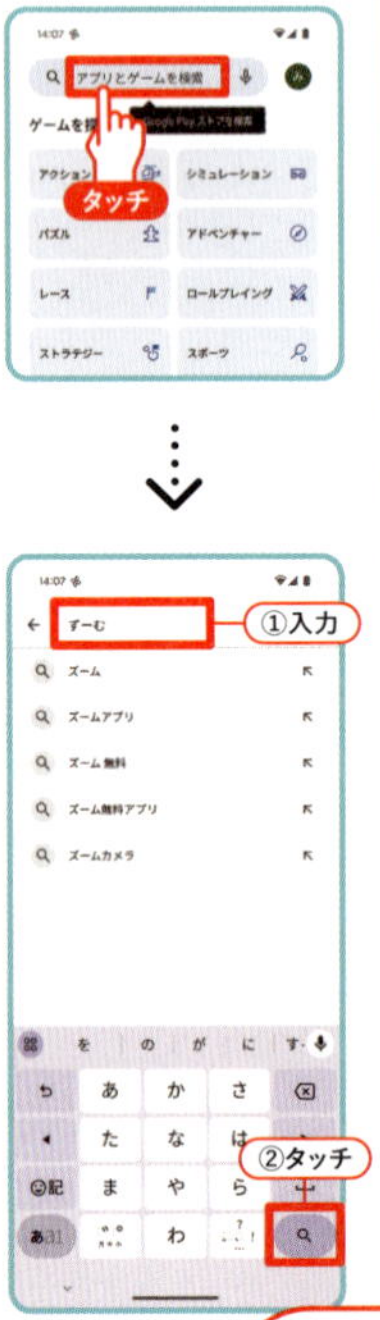

みどり

はい、入力しました。たくさんアプリが出てきましたが、どれを選べばいいんでしょう？

青色は玉井先生のセリフです。先生の話を聞きながら、指示に従って実際にスマホを操作してみましょう。

黄色はみどりさんのセリフです。わからないことがあれば、みどりさんが玉井先生に質問します。

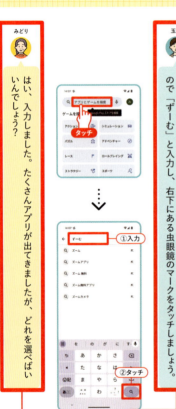

玉井
「ZOOM Workplace」という名前のアプリを探してください。アイコンは青色で、中に「zoom」と書かれているマークです。

みどり
あ、ありました！

玉井
そのアプリの右側に「インストール」というボタンがありますので、タッチしてください。

操作手順を説明しています。スマホのどこを操作しているかを確認し、同じようにご自分のスマホを操作してください。

玉井

玉井先生とみどりさんの会話の次に、スマホ画面を使って操作を説明するページが出てきます。スマホを手に持ち、一緒にやってみましょう。1番、2番……と、数字に従って進めてください。

「Googleマップ」を探して開く

「Googleマップ」はデジタル版の地図です。とても便利なので慣れるまで何度も使ってみてください。まずは、「Googleマップ」を開きましょう。

このページで行う操作と、できるようになることを説明しています。

アイフォンとアンドロイド(14ページ参照)のどちらの操作についての説明か示しています。両方とも色が付いている時は共通の説明です。

アイフォン　アンドロイド

この数字の順番通りに操作を進めてください。

1 ホーム画面の中央あたりに指を置き、そのまま上に引き上げる

2 「マップ」マークをタッチ

3 Googleマップが開いた

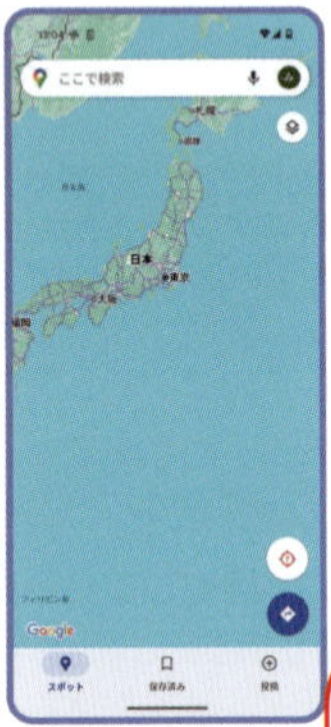

ポイント

アイフォンの方は、2級を参考にGoogleマップを入手してください。アンドロイドの多くの機種では「Google」という1つの箱にGoogleマップやYouTubeなどが入っています。

この四角い囲みには、ポイントやヒントが書かれています。ここに「公式LINEにキーワードを送ってください」と書かれていたら、LINEで玉井先生にそのキーワードを送ってみてください。

玉井

ページは次のように右上→左上→右下→左下という順番で読み進めてください。

LINEグループから抜ける
参加する必要がなくなったグループからは、退会できます。必要に応じて、上手にグループを整理していきましょう。
アンドロイド
アイフォン
1 グループ画面の右上にある「三」マークをタッチ
タッチ
2 「退会」をタッチ
タッチ
3 このメッセージが表示されたら「はい」をタッチ
タッチ
4 LINEグループから退会できた
110

玉井

各級の終わりには、ここで学んだ内容の確認と、LINEで玉井先生に送るキーワード、次の級で学ぶ内容について書かれています。玉井先生は、正しいキーワードが送られた時のみお返事します。

この級で気付いたことなどは、ここにメモしておきましょう。あとで見直したときに思い出しやすくなります。

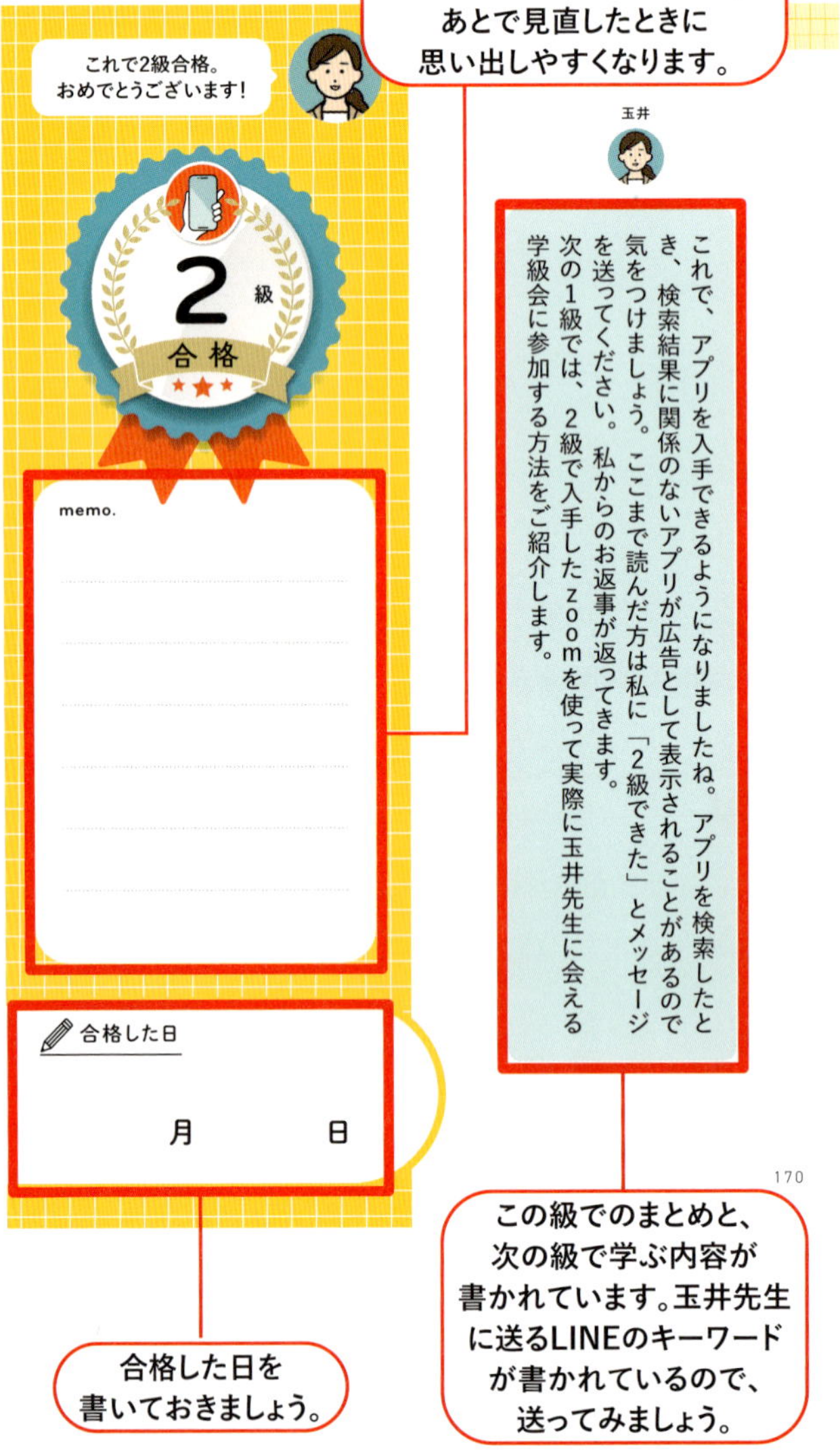

これで2級合格。おめでとうございます!
2級
合格
memo.
合格した日
月
日
玉井

これで、アプリを入手できるようになりましたね。アプリを検索したとき、検索結果に関係のないアプリが広告として表示されることがあるので気をつけましょう。ここまで読んだ方は私に「2級できた」とメッセージを送ってください。私からのお返事が返ってきます。

次の1級では、2級で入手したzoomを使って実際に玉井先生に会える学級会に参加する方法をご紹介します。

170

合格した日を書いておきましょう。

この級でのまとめと、次の級で学ぶ内容が書かれています。玉井先生に送るLINEのキーワードが書かれているので、送ってみましょう。

10級

スマホ教室にやってきた

先生とLINEでつながる

この級では、まず玉井先生と
LINEで友だちになります。友だちになると、
玉井先生とLINEでいろいろな
やり取りができるようになりますよ。

練習をはじめた日　　　　月　　　　日

ＬＩＮＥで友だち登録しよう（ＱＲコードの読み取り方）

みどり

玉井先生、はじめまして。最近スマホを買ったのですが、いまひとつ上手く使えていなくて……スマホの使い方を教えてください。

玉井

みどりさん、はじめまして。はじめて使うスマホは難しいことが多いですよね。一つひとつ丁寧にご説明しますので安心してください。この本では、ＬＩＮＥを使って私とやり取りの練習ができるんですよ。

みどり

一人で練習するのは不安だったので、先生が一緒なら心強いです。

玉井
それでは、早速私とLINEで友だちになるところから始めましょう。

みどり
あら楽しそう。どうやったらいいんですか。

玉井
では、LINEアプリを開いてみてください（14ページ参照）。

みどり
はい、開きました。

玉井
次に、ホーム画面を開きましょう。画面の下を見てください。「ホーム」や「トーク」など、いくつかのマークが表示されていますね。

みどり
ええと……はい、ありました！　一番左にある家のマークですね。

玉井

そうです。それをタッチしてください。

玉井

次は、画面の上の方を見てください。名前の下のあたりに「検索」という欄がありますね。その欄の右端のマークをタッチしましょう。

みどり

ありました。ここをタッチすればいいんですね。

玉井

はい、それでカメラのような画面が開いたらＯＫです。次のページで示すＱＲコードを読み取れば、私と友だちになれますよ。

みどり

わかりました！　カメラで読み取ってみますね。

QRコードで友だちを追加しよう

QRコードとは、手順1のような四角いマークのこと。このマークにカメラをかざして読み取れば、玉井先生のLINEと友だちになることができます。このLINEでは、本書内の決まったキーワード（合言葉）を正しく送れたときだけ返信が来ます。

アイフォン　アンドロイド

1 前ページのカメラのような画面でこの四角いマークを読み取る

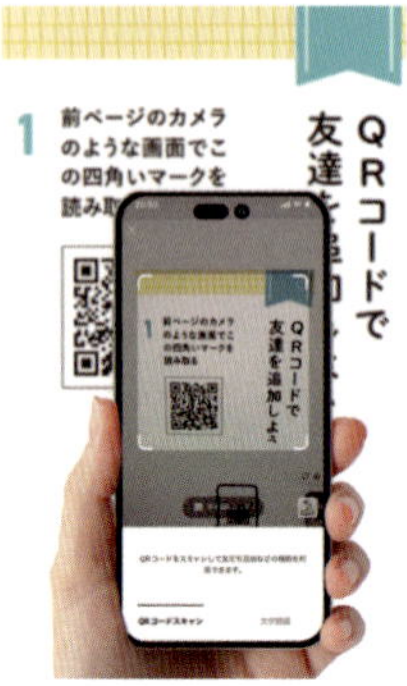

1 前ページのカメラのような画面でこの四角いマークを読み取る
QRコードで友達を追加しよう

2 この画面が開いたら「追加」をタッチ

14:30
玉井先生（練習用）
スマホ本の練習用でお使い下さい。
追加
投稿
おすすめの公
もっと見る
タッチ

3 「トーク」をタッチ

14:30
タッチ
先生（練習用）
トーク
投稿

4 玉井先生と友だちになった。映像をタッチするとメッセージが聞こえる

11:58
玉井先生（練習用）
佐藤みどりさん
おめでとうございます！！
無事に私とLINEでつながる事ができました。
タッチ
佐藤みどりさんのお住まいの都道府県を漢字で入力して下さい。
例） 兵庫県
正しく都道府県を入力でき送信されますと
メッセージが返ってきます。
では頑張って下さい
動画の見方の詳細はこちらをご確認ください。
↓タッチして下さい
https://youtu.be/w7C3rt534aA

5 動画の音声が流れない人は、参考動画をタッチ

11:58
玉井先生（練習用）
タッチ
https://youtu.be/w7C3rt534aA
10級の最初の解説

QRコードの読み取り方

LINEの友だち追加以外のQRコードも、同様に読み取れます。
①目の前にQRコードがある場合
②スマホの中にQRコードの写真がある場合

アンドロイド ①

1 26～27ページの手順で起動した画面で以下のQRコードを読み取る

アイフォン

2 画面上部に表示された青い英数字をタッチ

3 ホームページが表示された

アンドロイド ②

1 26ページの手順で起動した画面で右下の小さい四角のマークをタッチ

アイフォン

2 写真一覧が表示される。QRコードを撮影した写真をタッチ

3 画面上部の青い英数字をタッチ

アイフォン　アンドロイド

LINEの画面を知ろう

LINEの画面には、LINEの入口になる「ホーム」、友だちリストが並ぶ「トーク」、実際に友だちと会話する「トークルーム」があります。


「ホーム」

QRコードを読み取ったり、友だちリストを確認したりできます。

QRコード読み取り
（28ページ）
友だちリスト

「トークルーム」

友だちに文章を送ったり、通話したりできます。


「トーク」

LINEで会話した友だちが一覧で表示されています。最近会話した友だちが一覧の上のほうに表示されます。

「トーク」に戻る

「トークルーム」へ移動

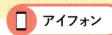

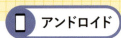

アイフォン　アンドロイド

友だちをピン留めしよう

LINEでは、よく連絡する友だちを「ピン留め」するとリストの一番上に表示できます。本書では練習のために玉井先生とたくさんやり取りするので、玉井先生をピン留めしましょう。

1 「＜」マークをタッチ

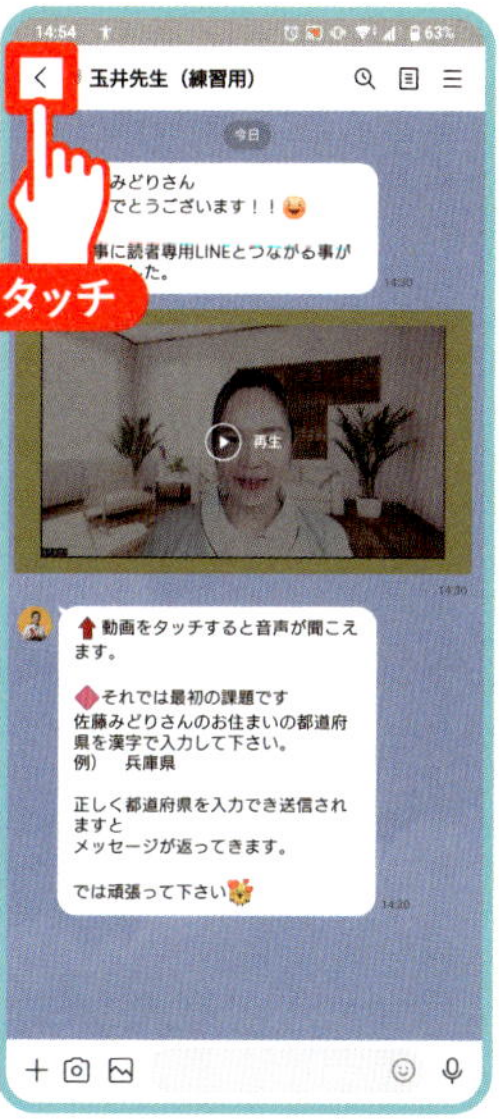

2 「玉井先生（練習用）」を長押し

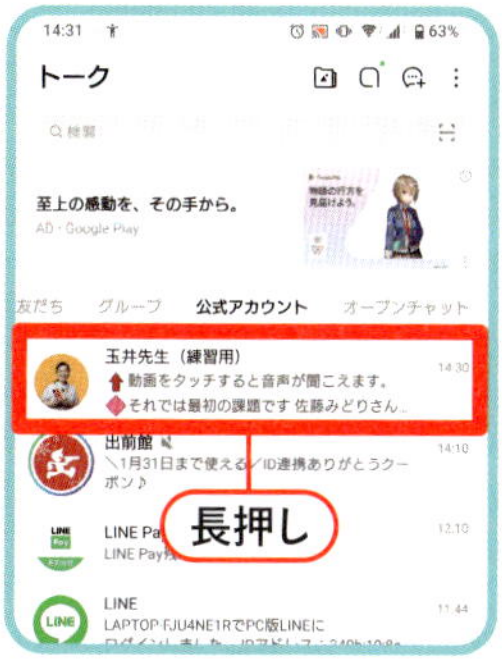

3 「ピン留め」をタッチ

4 玉井先生がピン留めされ、常に一番上に表示されるようになった

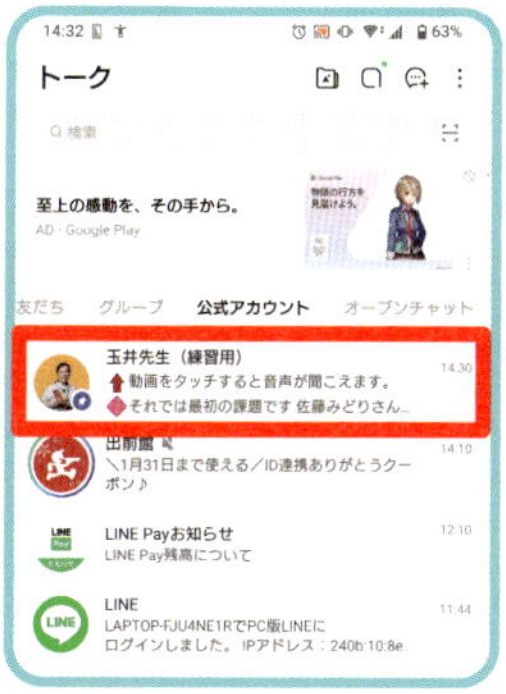

ポイント

ピン留めの注意点

たくさんの人をピン留めしてしまうと、ピン留めした人のみ表示されてしまい、ピン留めしていない人が隠れてしまうことがあります。大事な数人だけをピン留めしましょう。

これで10級合格。
おめでとうございます!

memo.

合格した日

月　　　日

玉井

これで、私とLINEでつながることができましたね。
次の9級では、文字を入力する方法をお伝えします。文字を打つことで、
私とLINEでやり取りできるようになりますよ。

9級

文字入力で悪戦苦闘！

文字入力

この級では文字を打つ練習をします。
文字が打てれば、玉井先生と
色々なやり取りができますよ。

練習をはじめた日　　月　　日

住んでいる都道府県を入力してみよう

みどり

玉井先生の動画、わかりやすかったです。あ、動画の下に「お住まいの都道府県を漢字で入力してください」とメッセージが届いていますね。

玉井

そうです、文字を入力する練習ですね。画面下部の入力欄をタッチしましょう。

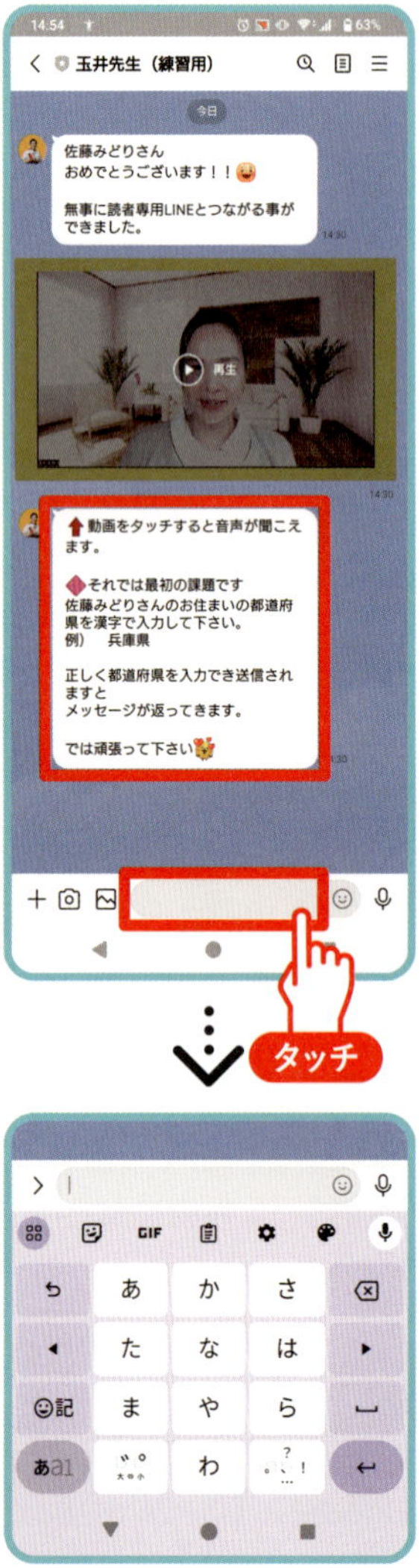

玉井先生（練習用）
今日
佐藤みどりさん
おめでとうございます！！
無事に読者専用LINEとつながる事ができました。
再生
動画をタッチすると音声が聞こえます。
それでは最初の課題です
佐藤みどりさんのお住まいの都道府県を漢字で入力して下さい。
例）　兵庫県
正しく都道府県を入力でき送信されますと
メッセージが返ってきます。
では頑張って下さい
タッチ

みどり
文字盤が出てきました。

玉井
みどりさんがお住まいの「兵庫県」と入力してみましょう。最初に「ひょうご」という文字を打ちます。

みどり
はい。どうやって打つのでしょうか？

玉井
入力欄をタッチして表示される文字盤を使います。たとえば文字盤の「あ」をタッチすると「あ」が入力されます。「あ」を長押しすると下のように「い、う、え、お」が表示され、上下左右に指をなぞるとなぞった先の文字が入力できるしくみになっています。ではまず「兵庫県」の「ひ」から打ってみましょう。「は行」の文字を探して、その文字に指を乗せてみてください。

アイフォン

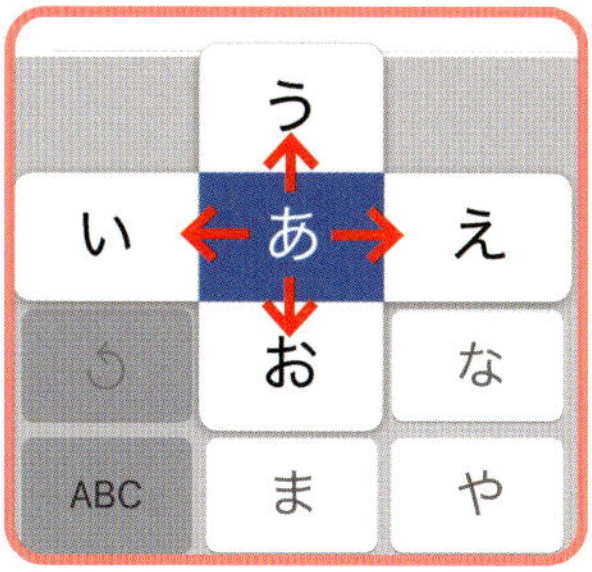

アンドロイド

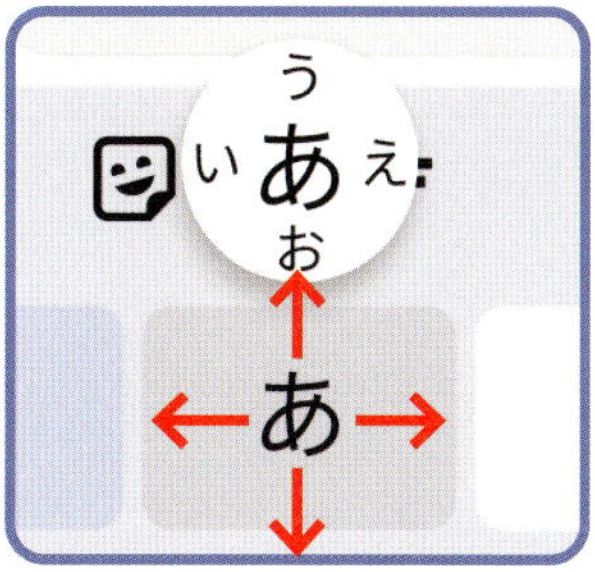

みどり

「は」の上に「はひふへほ」という文字が出てきました。

GIF
あ
か
は
ふ
ひ
へ
ほ
た
な
は

玉井

そのまま指を左にすべらせてください。

みどり

あ、「ひ」が出ました！

玉井

そこで指を離すと、「ひ」になります。

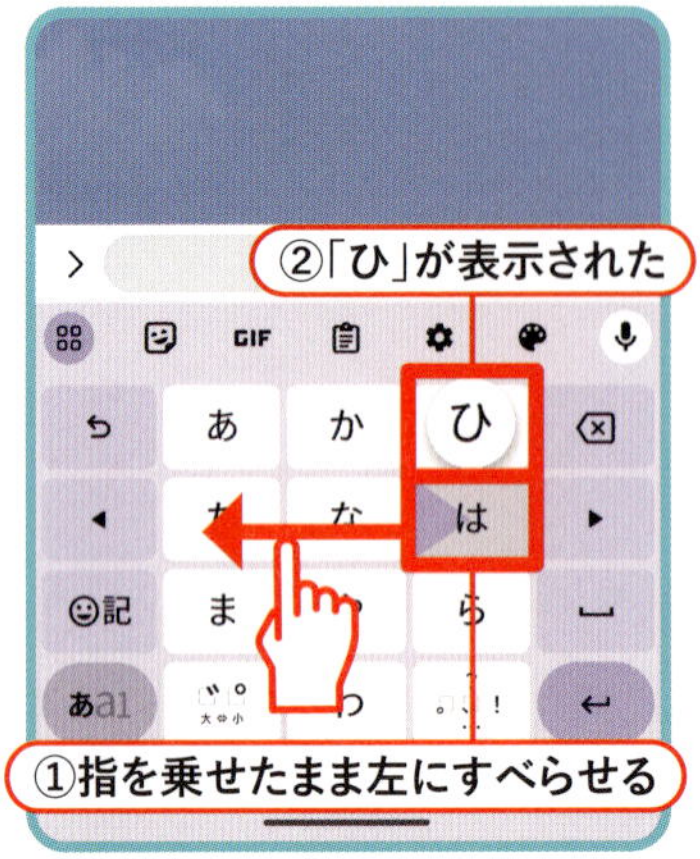
②「ひ」が表示された
①指を乗せたまま左にすべらせる

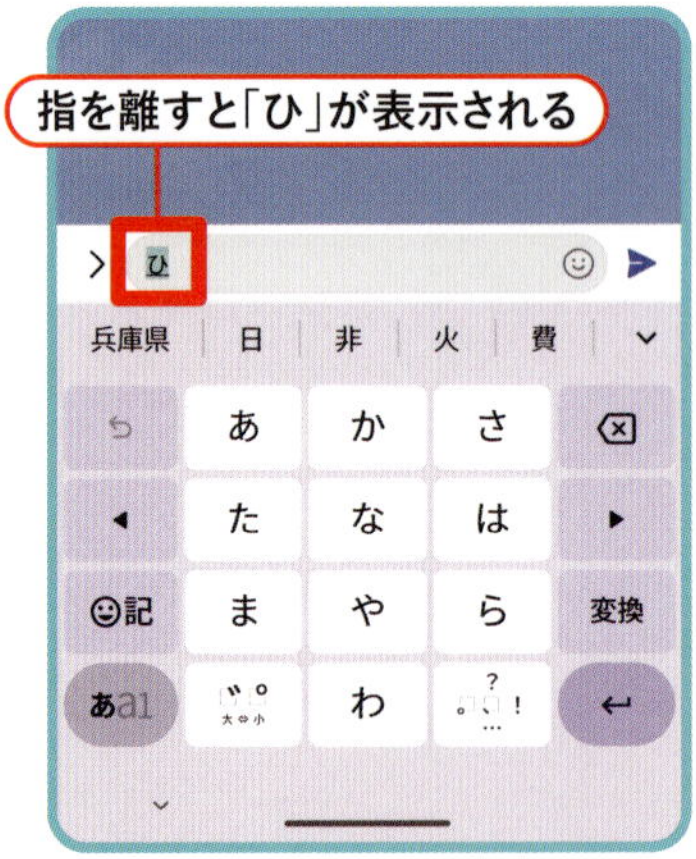
指を離すと「ひ」が表示される

みどり

「ひ」が打てました！

玉井

できましたね！ このように、「は」を打つときは「は」をタッチし、「ひ」を打つときは「は」の上に指を乗せ、表示される「ひふへほ」の方向にあわせて指をすべらせます。ほかの文字も、同じ要領で打てますよ。

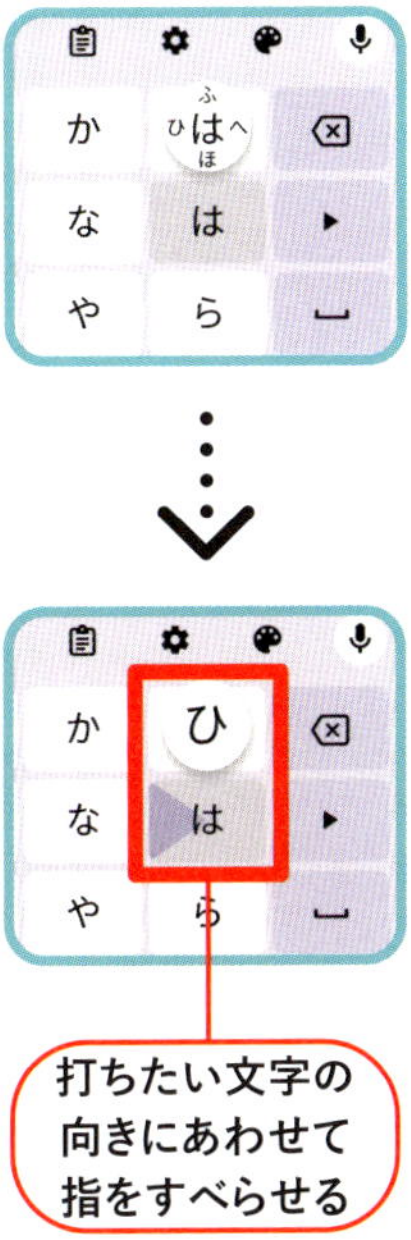
打ちたい文字の
向きにあわせて
指をすべらせる

みどり

なるほど！ でも、指先が思うように動かなかったり、画面が反応しにくいときもあります……。

玉井

そんな時は、百円ショップなどで売っているスマホ用のタッチペンを使うと正確に打てますよ。ゆっくりでも確実に入力することが大切です。焦らず、一文字ずつ確認しながら練習していきましょう。

玉井

では次に「よ」を打ってみましょう。小さい「よ」なので、少し特別な方法が必要です。まず「や」に指をおき、指を下にすべらせて離します。

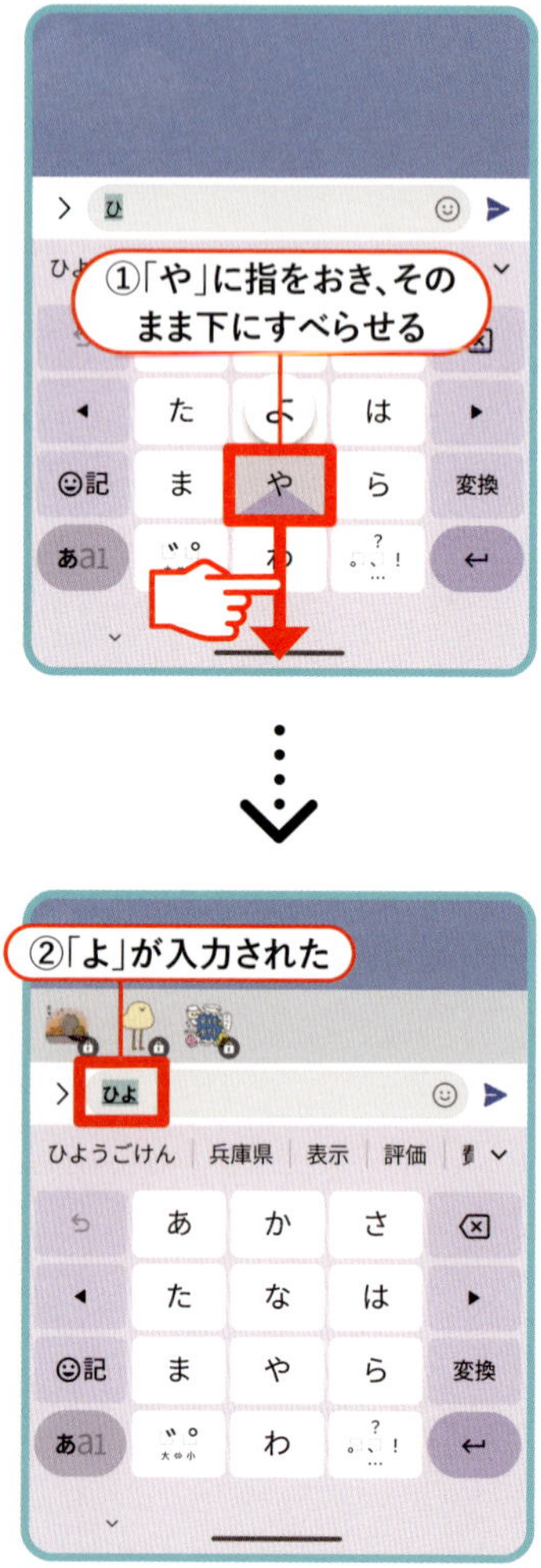
①「や」に指をおき、そのまま下にすべらせる
②「よ」が入力された

みどり

はい、これで「ひよ」になりました。

玉井

その「よ」を小さくするために、文字盤の左下にある「゛゜」をタッチしてください。

みどり

あ！「ひょ」になりました！

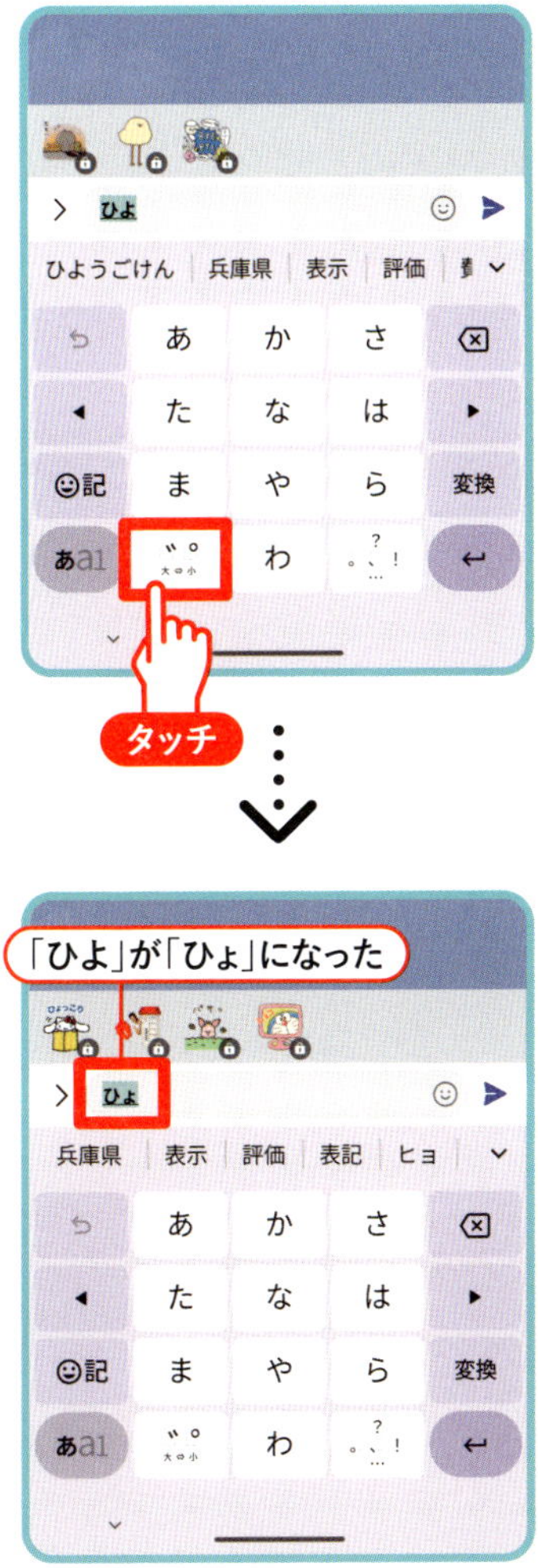

玉井

その調子です。次は「う」を打ってみましょう。

みどり

「う」は、「あ」の上に指をおいて指を上にすべらせるんですよね……。はい、「ひょう」になりました。

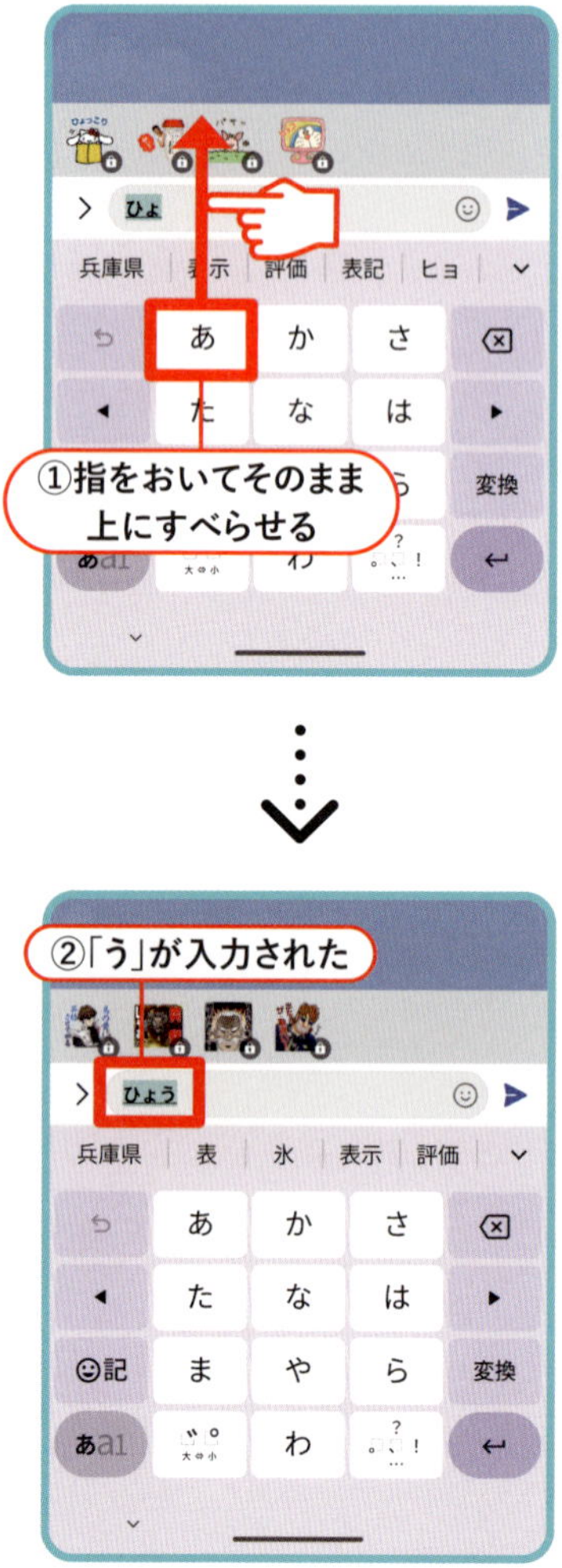
①指をおいてそのまま上にすべらせる
②「う」が入力された

玉井

次は「ご」ですが、これは「こ」に濁点をつけます。まず「こ」を入力してください。「か」の上に指をおいて下にすべらせましょう。

みどり

はい、「ひょうこ」になりました。

玉井

では、その「こ」に濁点をつけましょう。文字盤の左下にある「゛゜」をタッチしてください。

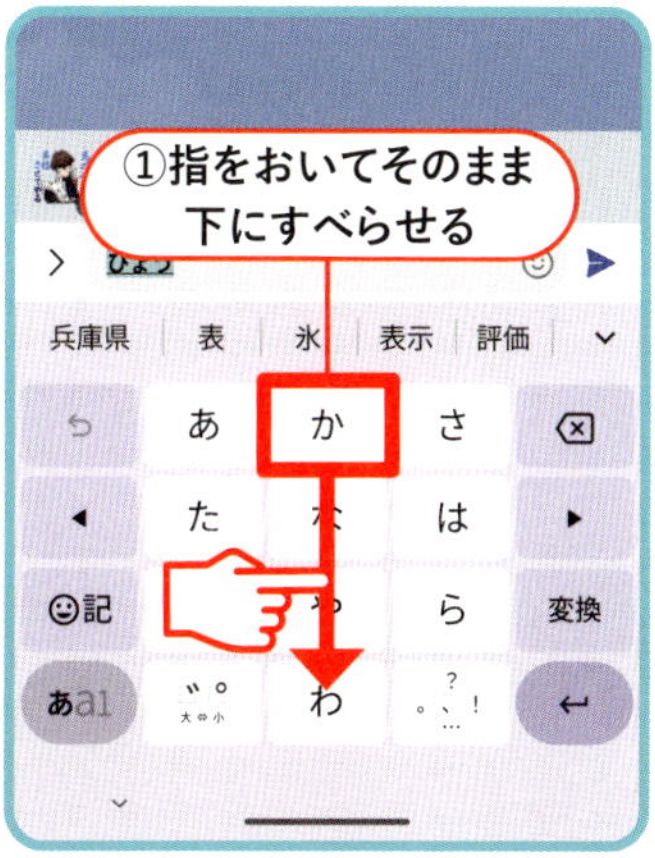
①指をおいてそのまま下にすべらせる

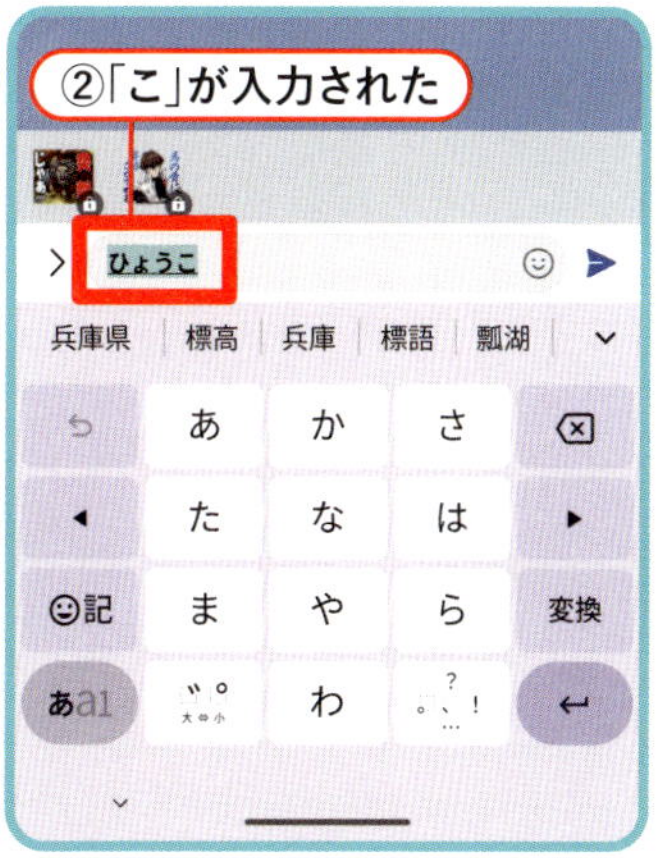
②「こ」が入力された

タッチ

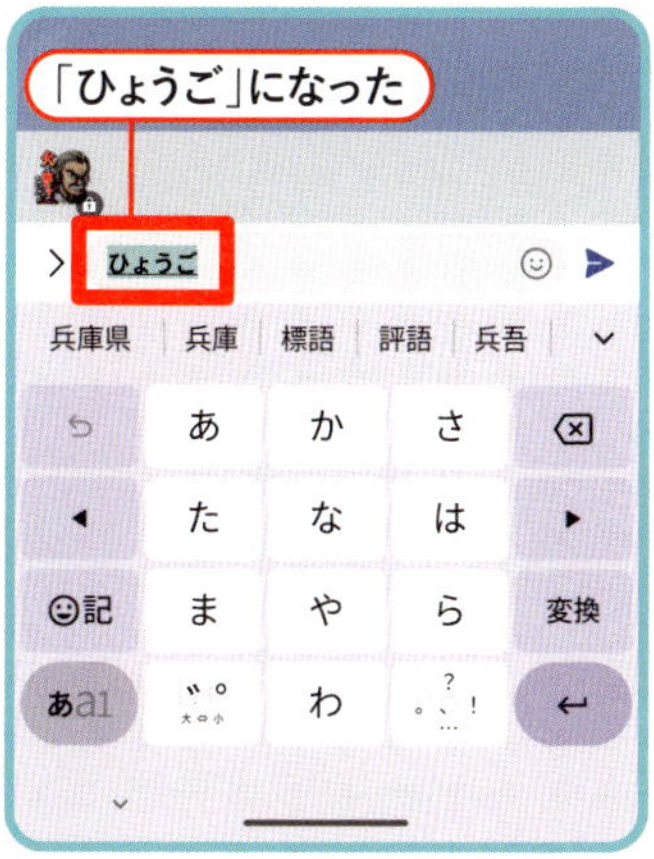
「ひょうご」になった

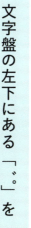

みどり

タッチしたら「ひょうご」になりました！

玉井

素晴らしいですね。あともうちょっとです。次は「け」を打ってみましょう。

みどり

はい、「か」に指をおいて右にすべらせますね。

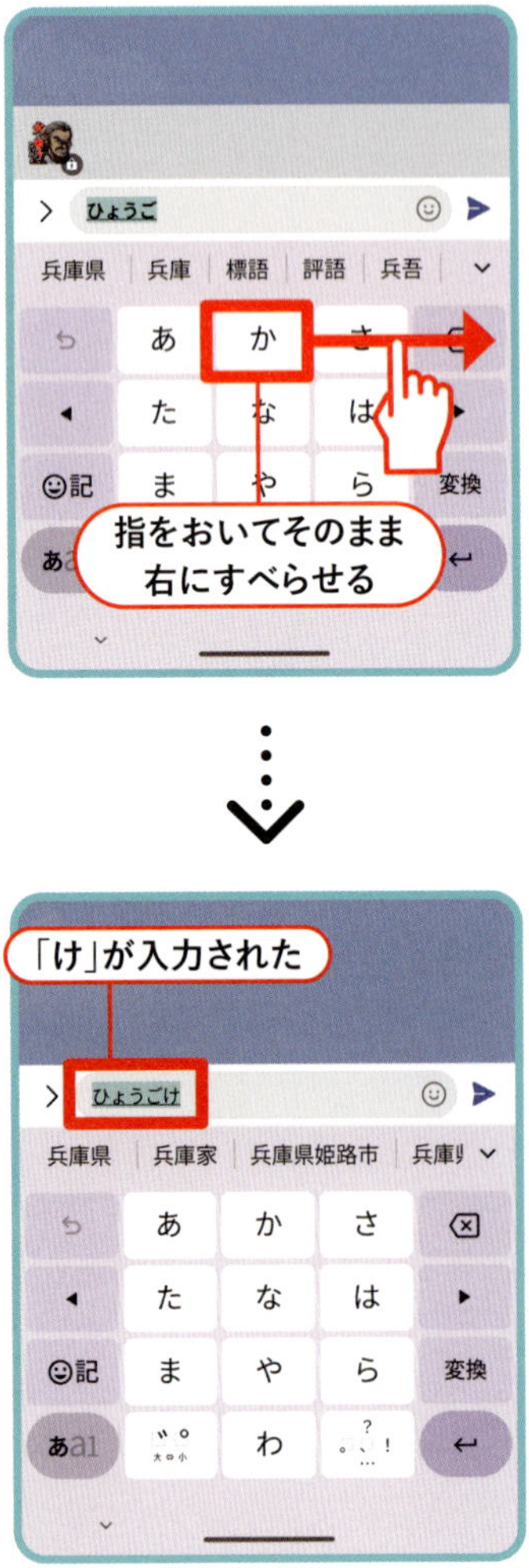
指をおいてそのまま
右にすべらせる
「け」が入力された

玉井

いよいよ最後の「ん」です。「わ」に指をおいて上にすべらせてください。

みどり
できました！「ひょうごけん」になりました。

玉井
次は、これを漢字にします。文字盤の上側に「兵庫県」という文字の変換予測が表示されていますね。これをタッチしてください。

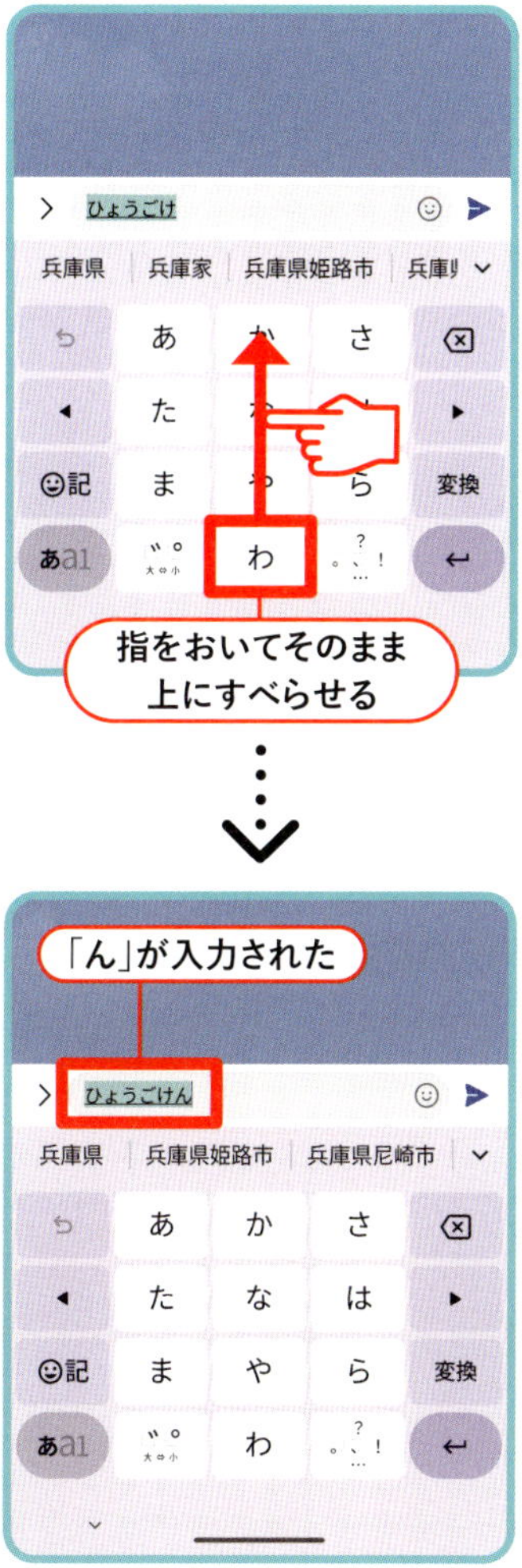
ひょうごけ
兵庫県
兵庫家
兵庫県姫路市
指をおいてそのまま上にすべらせる
「ん」が入力された
ひょうごけん
兵庫県
兵庫県姫路市
兵庫県尼崎市

みどり

やってみます。……できました！「兵庫県」になりました！

玉井

完璧です。では、右の紙飛行機マークをタッチして送ってみましょう。

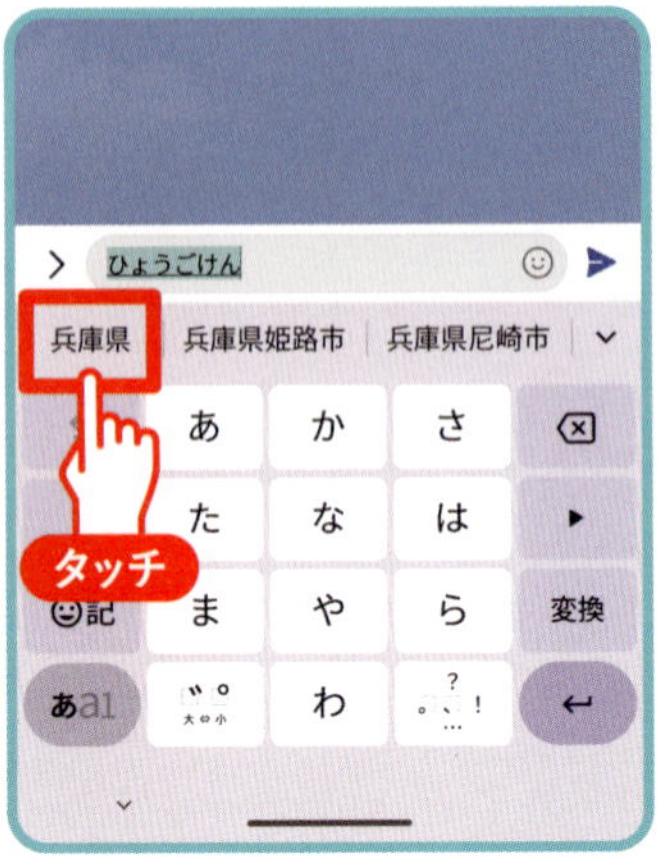

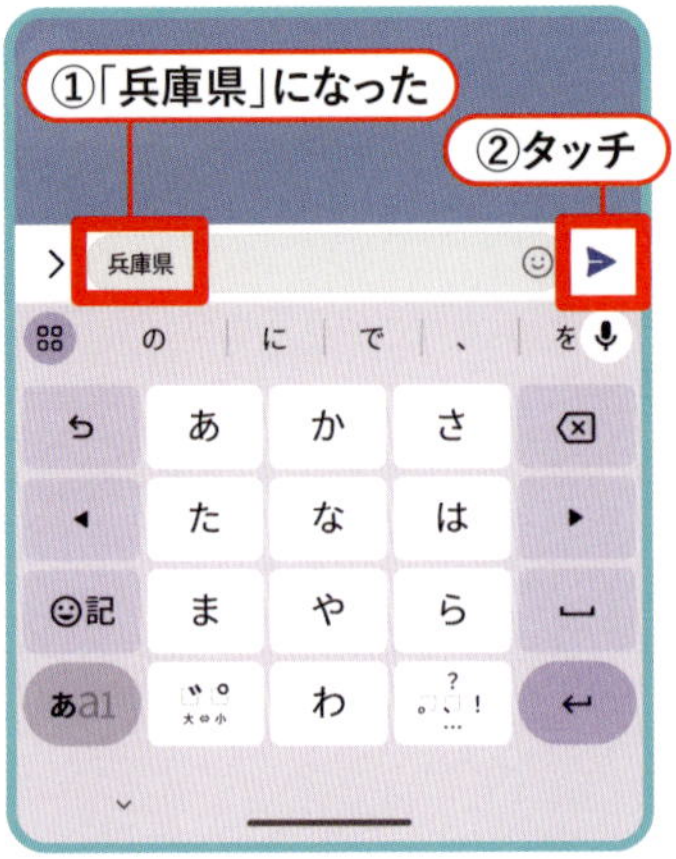

みどり

送信しました！　あ、すぐに返事が届きましたよ。「兵庫県にお住まいなんですね」って。返事をもらえると嬉しいですね！

玉井

おめでとうございます！　これで基本的な文字が打てるようになりましたね。スマホは使えば使うほど上手くなりますよ。もっと練習したい人のために課題を用意しています。
次の言葉を1つずつ私に送ってください。
『笑顔』『健康』『安心』『感謝の気持ち』『夢の続き』『お腹いっぱい』
打ち間違いや、本書に載っているキーワード以外の言葉を送っても返事がないので注意してくださいね。

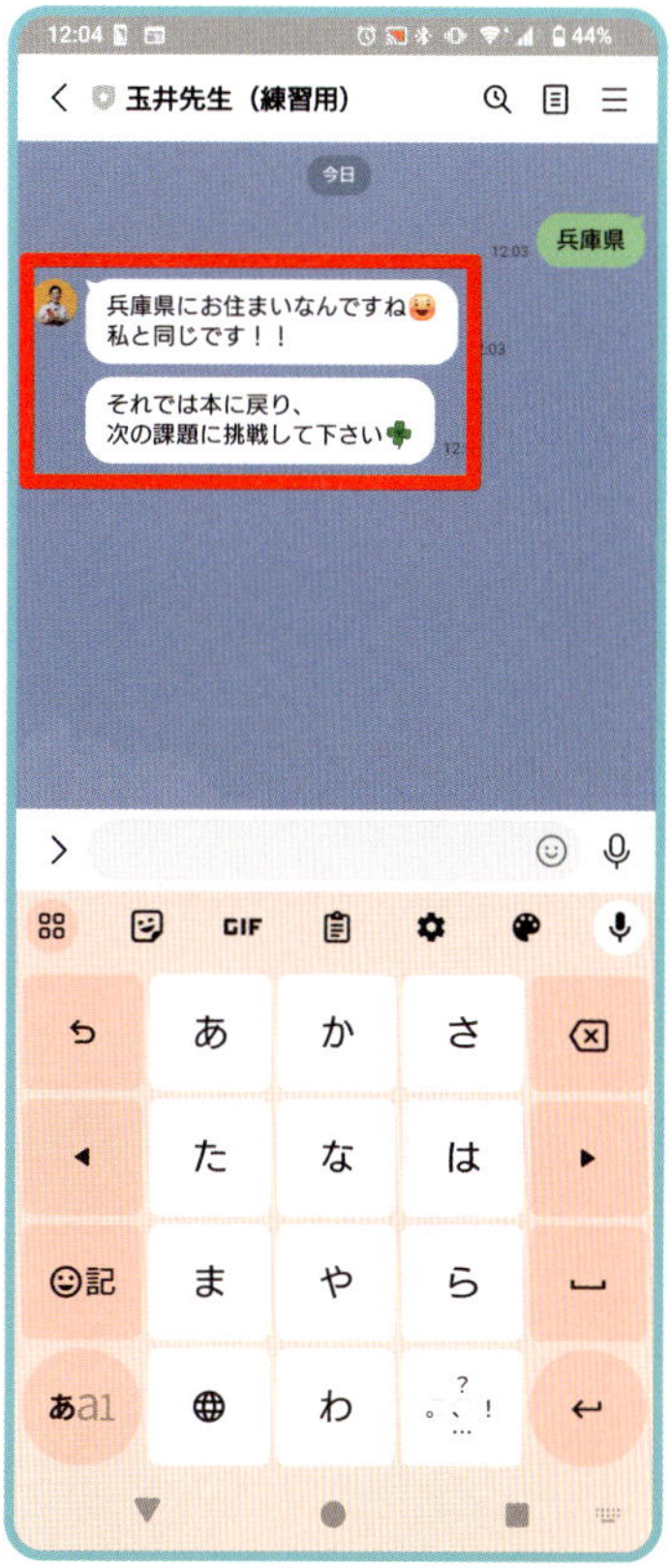

カタカナや小文字（「っ」や「ゃ」など）を打つ

カタカナや小さな文字を打つ方法を覚えましょう。ここでは「リラックス」を打ってみましょう。

1　「ら」の上に指をおき、左にすべらせる

①指をおいて指を左にすべらせる

2　「ら」をタッチ

タッチ

3　「た」の上に指をおき、上にすべらせると「つ」が入力される

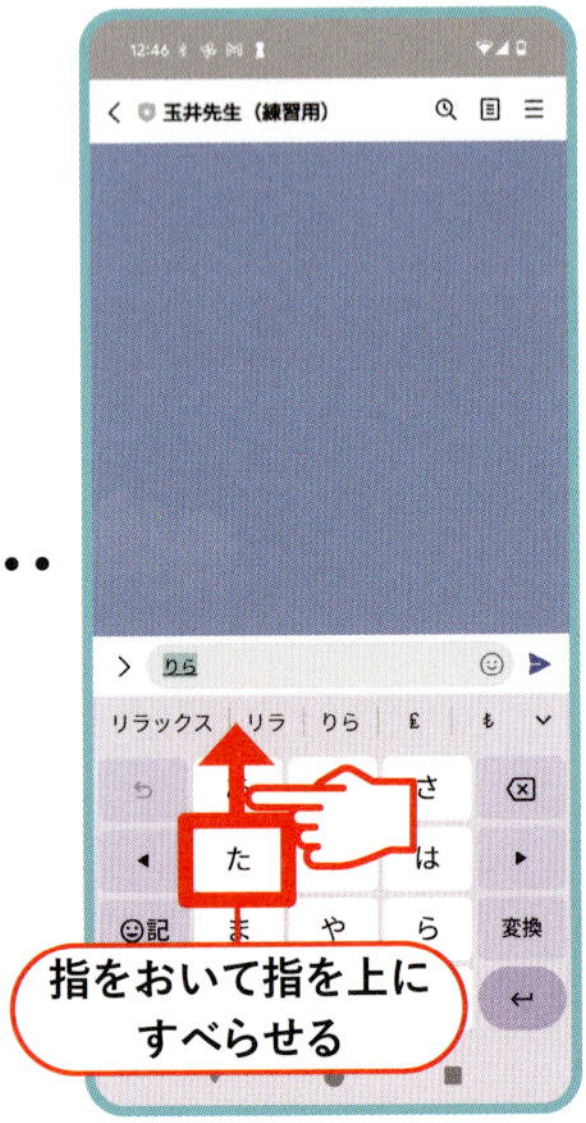

指をおいて指を上にすべらせる

4　左下の「大↔小」をタッチすると、「つ」が「っ」になる

タッチ

5 「か」の上に指をおき、上にすべらせると「く」が入力される

6 「さ」の上に指をおき、上にすべらせる

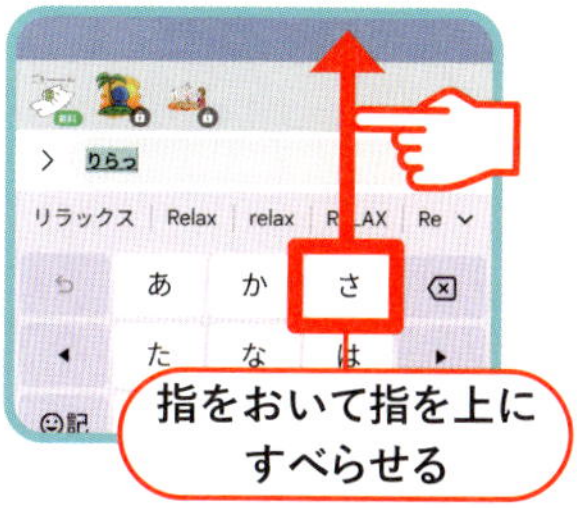

7 下にある「リラックス」をタッチし、紙飛行機マークをタッチ

8 「リラックス」を送ると、返事が返ってくる

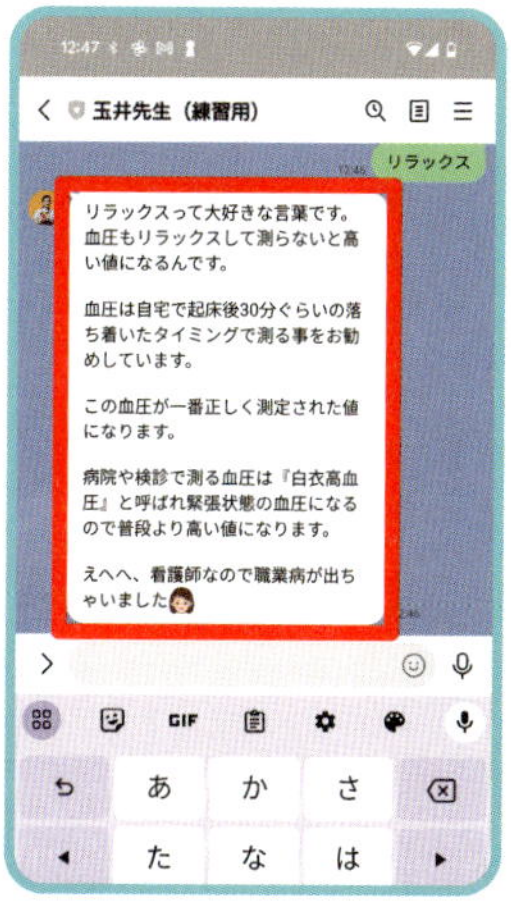

ポイント

もっと練習したい人は

玉井先生に次の文字を送ってみましょう。
『ステキ』『スマイル』『ヘルスケア』

アイフォン　アンドロイド

「゛゜(濁点)」や「ー(伸ばし棒)」などの記号を打つ

「゛゜(濁点)」や「ー(伸ばし棒)」が入っている文字を打つ方法を覚えましょう。ここでは「パワー」を打ってみましょう。

1 「は」をタッチする

2 「゛゜」を2回タッチすると「は」が「ぱ」になる

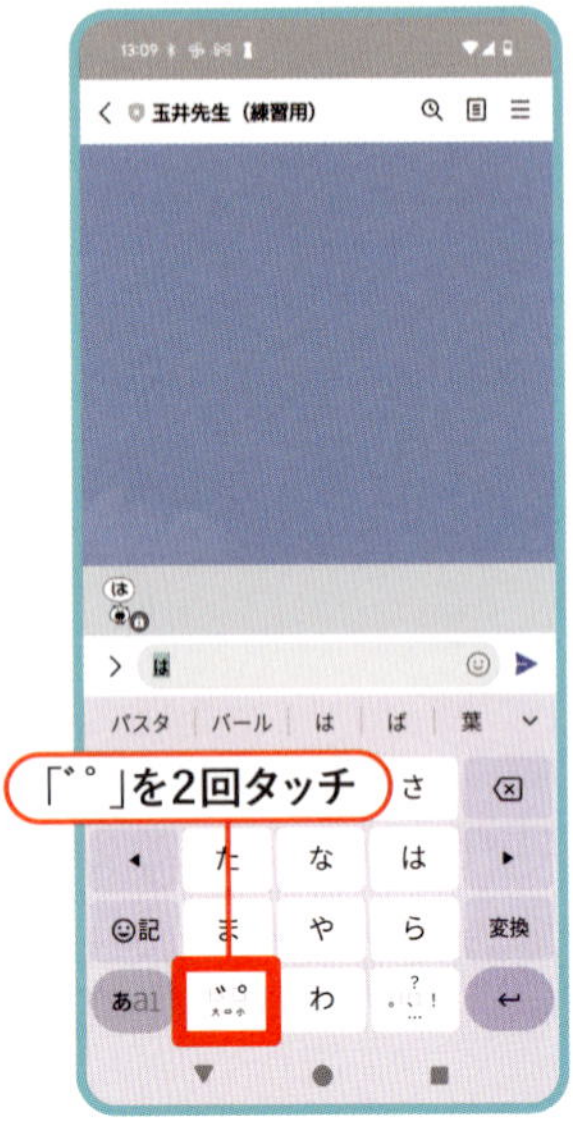

3 「わ」をタッチ

4 もう一度「わ」に指をおき、そのまま右にすべらせる

5 伸ばし棒が入力できた

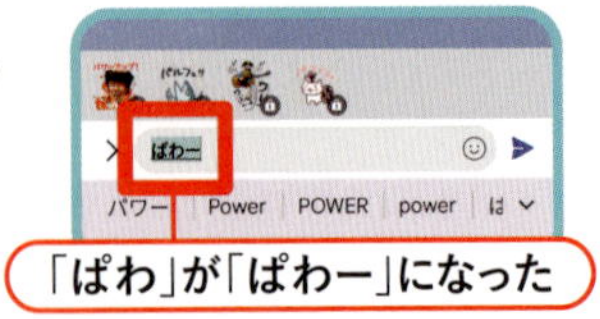

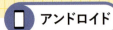

6 「パワー」をタッチ

7 「パワー」が出たら、紙飛行機マークをタッチ

8 「パワー」が送られると、すぐに返信が返ってくる

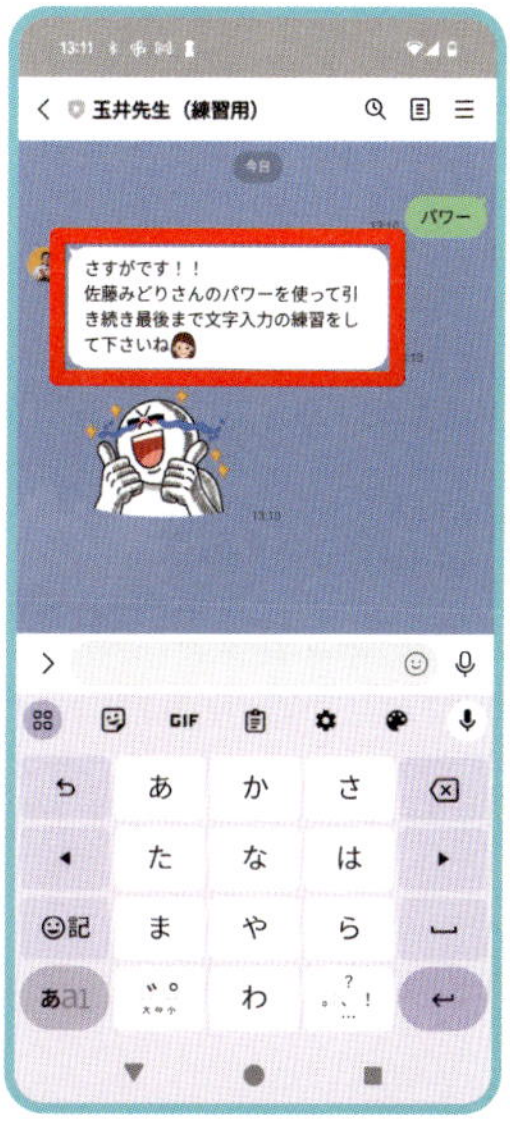

ポイント

もっと練習したい人は
玉井先生に「ドレミ」と送ってみましょう。

アイフォン　アンドロイド

数字を打つ

数字を入力する手順を覚えましょう。ここでは「119」を打ってみましょう。

1 「あa1」を2回タッチする

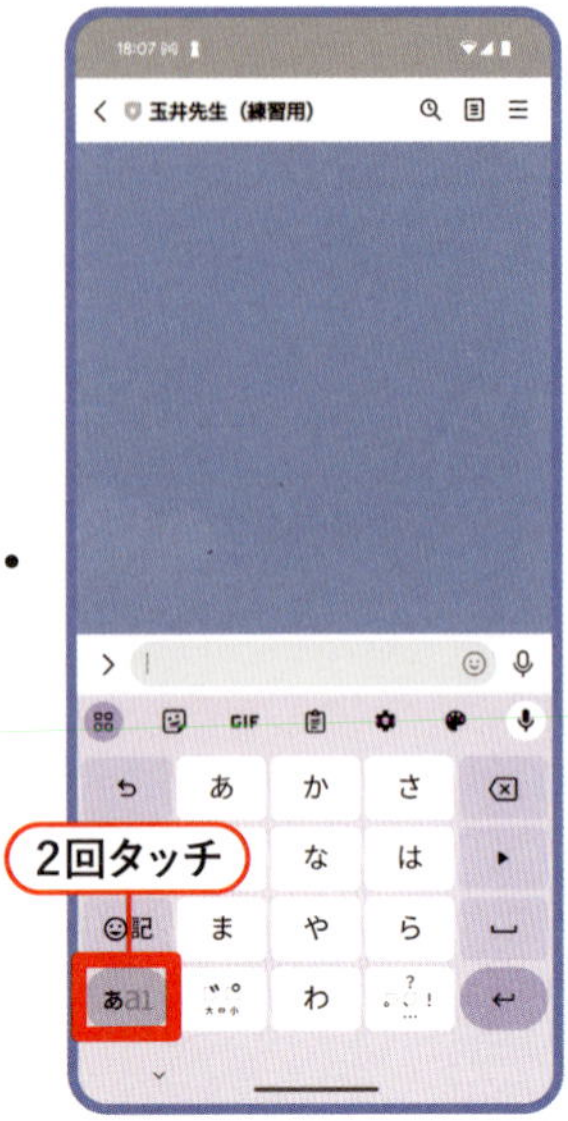

2 数字の文字盤になった

3 「1」を2回タッチする

4 「11」が表示されたら、続けて「9」をタッチ

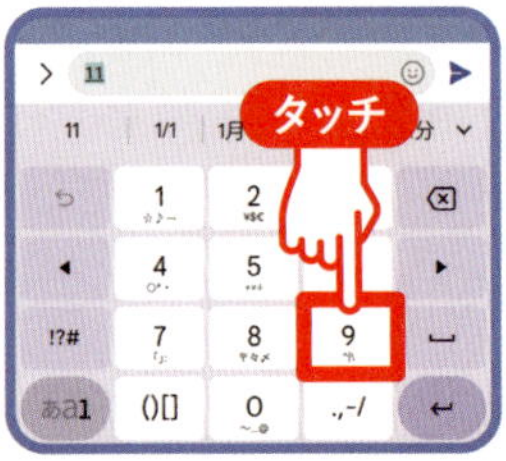

5 「119」と表示されたら、右にある紙飛行機マークをタッチ

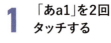

6 「119」が送られると、すぐに返信が返ってくる

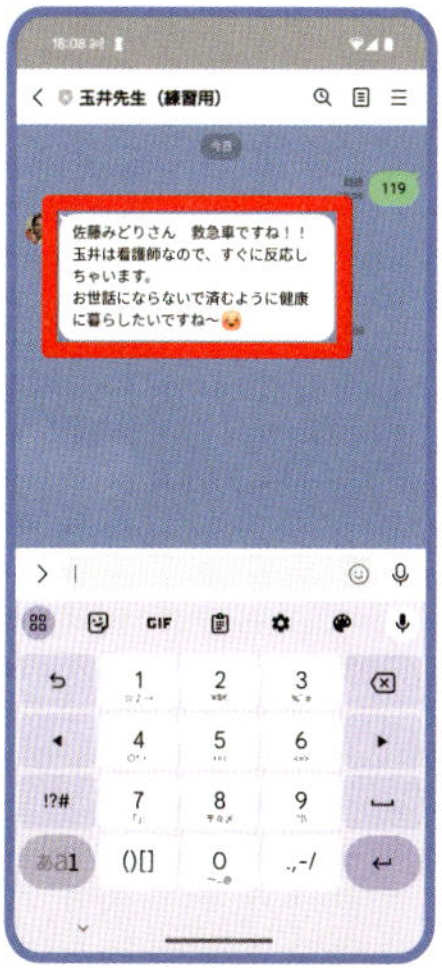

ポイント

アイフォンで数字を打つには

アイフォンの場合は、文字盤の左上にある「ＡＢＣ」をタッチし、次に「☆１２３」をタッチすると数字を打つ画面になります。

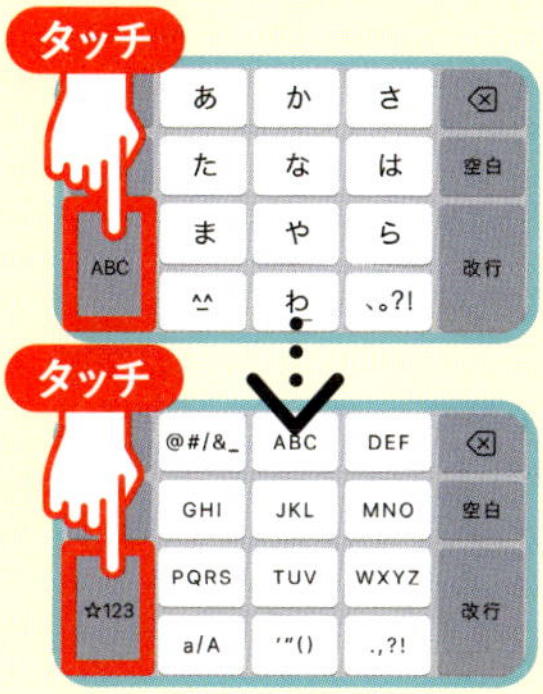

ポイント

打ち間違ったときは

打ち間違ったときは「さ」または「3」の右側にある「×」を押すと、1文字消すことができます

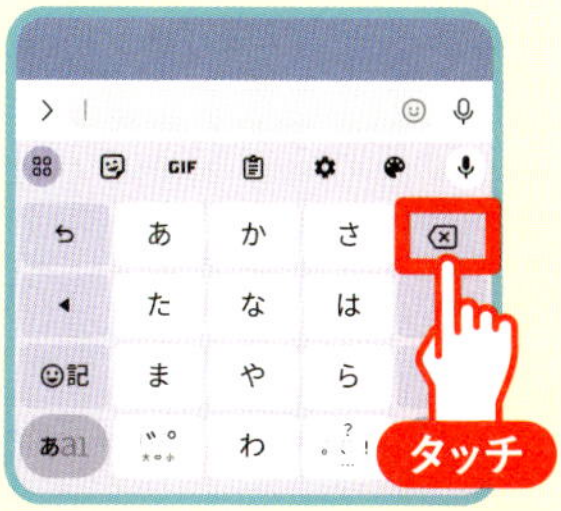

ポイント

もっと練習したい人は

玉井先生に次の文字を送ってみましょう。「110」「118」「5円玉」「24時間」「100才」

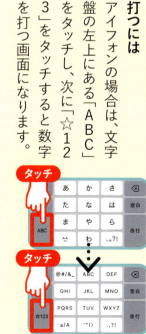

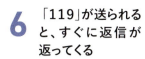

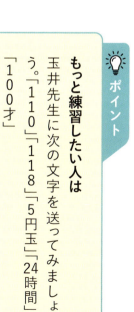

英語を打つ

英語を入力してみましょう。うまくできれば、正しい返事が返ってきます。ここでは「Happy」を打ってみましょう。

1 「あa1」というキーをタッチする

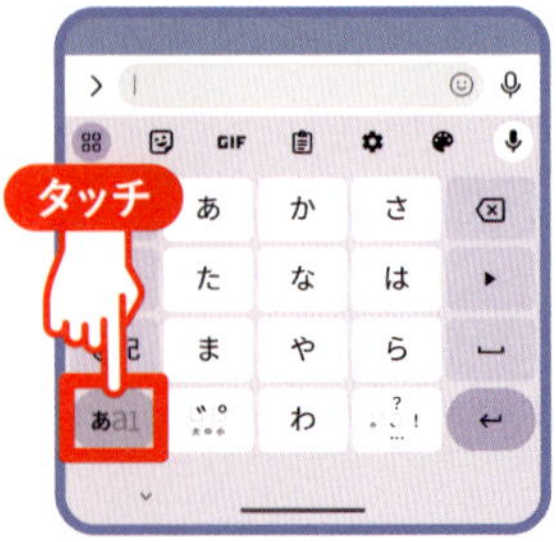

2 「あa1」の上にある⇧マークをタッチした後、「H」をタッチ
（上向き矢印が黒くなっていると、大文字が打てる）

3 「H」が表示された。続けて「a」をタッチ

4 「H」が表示された。続けて「p」を2回タッチ

5 「y」をタッチし、「Happy」になったら、右の紙飛行機マークをタッチ

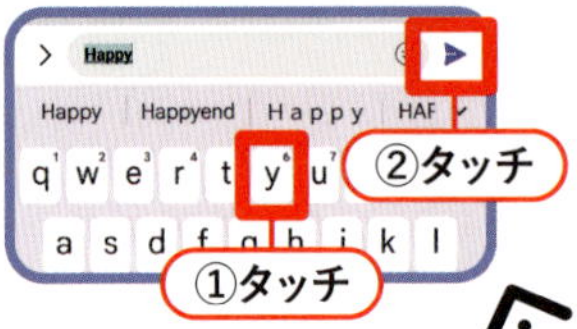

6 「Happy」が送られると、すぐに返信が返ってくる

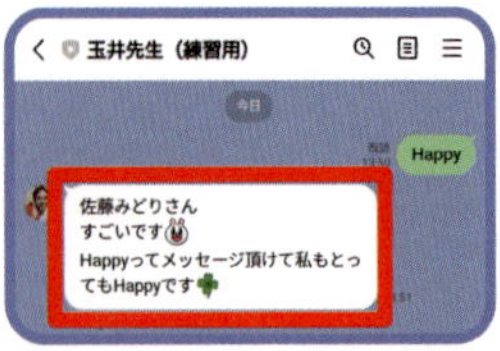

ポイント

機種によっては、以下のような文字盤が表示される場合があります。この場合、入力方法は日本語と同じです。たとえば「ABC」を1度タッチすると「a」が入力され、「ABC」を左に向かってなぞると「b」が入力されます。左下の「a⇔A」をタッチすると大文字と小文字が切り替わります。

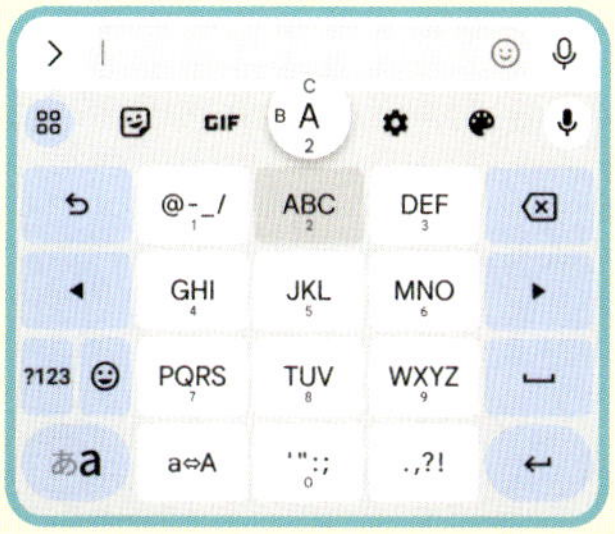

ポイント

もっと練習したい人は

玉井先生に次の文字を送ってみましょう。
「ABC」「LOVE」「TRAIN」

ポイント

アイフォンで英語を打つには

アイフォンの場合は、文字盤の左下にある地球儀のマークをタッチすると英語を打つ画面になります。

玉井

漢字・カタカナ・英語・数字の文字入力お疲れ様でした。では最後の課題です。玉井先生に『NPO法人日本シニアデジタルサポート協会』と送ってみましょう。色々な文字が入っているスペシャル問題です。

玉井

ここまで出来た方は玉井先生に『9級できた』とLINEを送ってみてください。

これで9級合格。
おめでとうございます！

memo.

合格した日

月　　日

8級

スマホのきれいな写真を友だちに見せたい！

写真の撮影・加工・送信

LINEで「8級はじめます」と
玉井先生にメッセージを送ってみましょう。
玉井先生からのお返事が届きます。

練習をはじめた日　　月　　日

写真を撮って送ってみよう

玉井

ＬＩＮＥでは文章だけでなく、スマホで撮った写真を友だちに送ることもかんたんにできますよ。

みどり

それは便利ですね。昔の携帯電話でも、撮った写真を友だちにメールで送ったことがあります。スマホでは、まだ写真を撮り慣れていなくて……。

玉井

一緒に練習していきますのでご安心くださいね。ではまず、スマホのカメラで写真を撮る方法を覚えましょう。ホーム画面でカメラのマークを探してタッチしてください。

みどり

はい。カメラのマークですね。

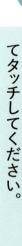

玉井

カメラが起動したら、画面の下の方に丸いボタンがあります。ボタンをタッチするとカシャという音と同時に写真が撮れます。一般的なスマホのカメラでは、左の図のような場所に撮影のボタンがあります。

アイフォン

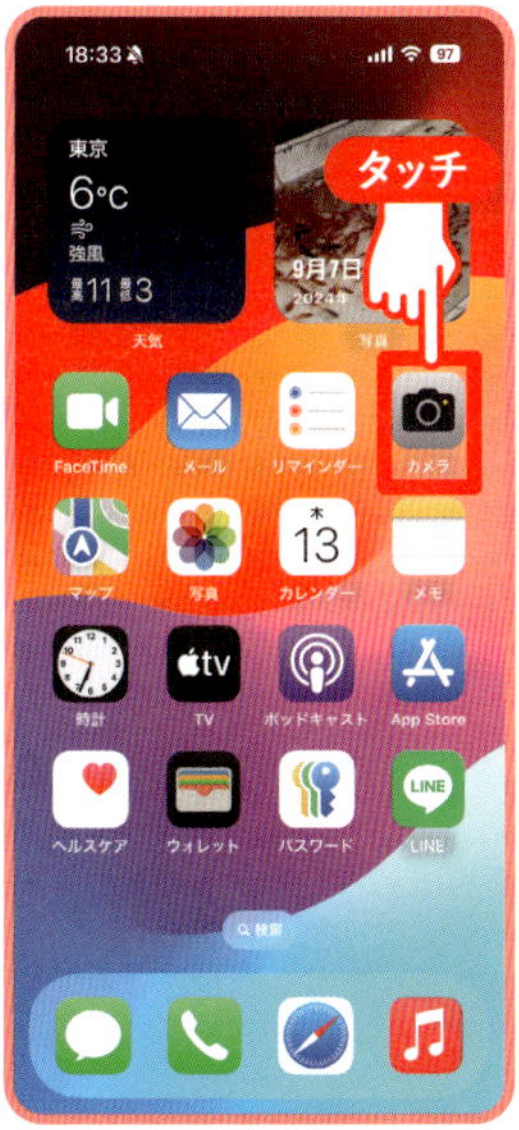

アンドロイド

撮った写真をLINEで送る

カメラで撮った写真をLINEで友だちに送ってみましょう。練習をしたい人は、玉井先生に送りましょう（ただし、写真を送っても返事はありません）。

1 LINEを開き、写真のマークをタッチ

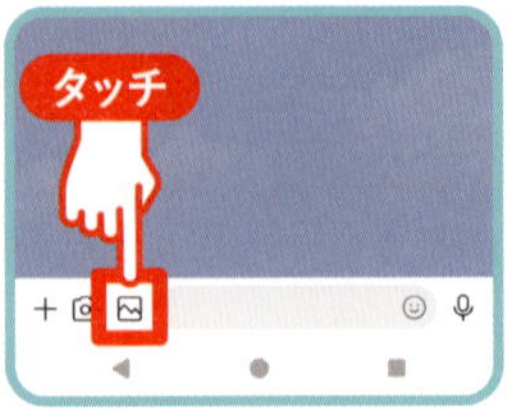

2 送りたい写真をタッチ（「○」印を避けてタッチ）

3 紙飛行機マークをタッチ

4 写真が送られた

ポイント

手順1で写真のマークが表示されない場合は、画面左下の「>」マークをタッチしましょう。

LINEの写真を保存しよう

玉井：みどりさん、LINEで写真が送られてくることはありませんか。

みどり：あります。友だちからよくきれいな写真が届くので、その写真を保存しておきたいんだけど、どうすればいいかわからなくて。

玉井：では写真を保存する方法を覚えましょう。まずは練習として、私に「切り抜き」というメッセージを送ってみてください。練習用の写真と、加工の練習をした後に見比べる完成写真が届きます。

みどり：はい。「切り抜き」とメッセージを送りますね。

玉井

届いた写真を保存します。まず1枚目の写真をタッチすると、写真が画面いっぱいに表示されます。その後、写真をもう一度タッチしましょう。

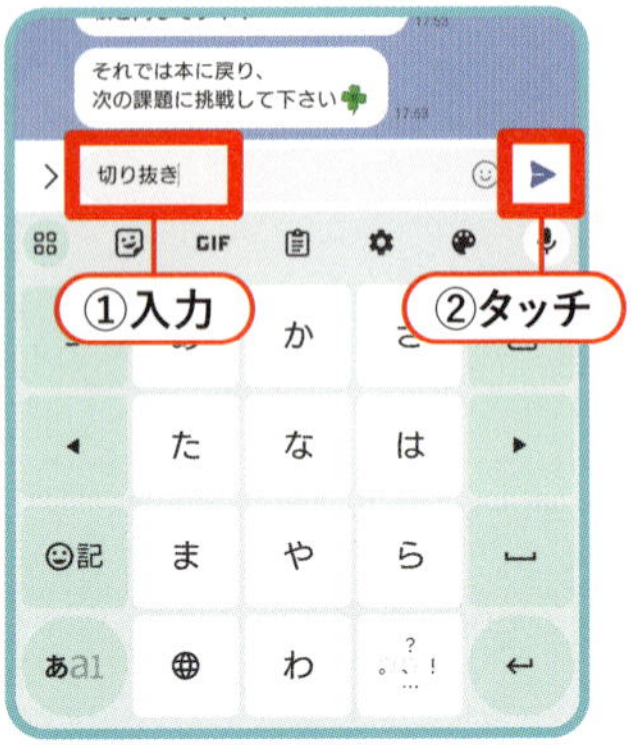
それでは本に戻り、
次の課題に挑戦して下さい
切り抜き
①入力
②タッチ

玉井先生（練習用）
切り抜き
佐藤みどりさん
次の写真の余分なところを本を参考に切り抜いて下さい。
↓の写真が正解例になります。
練習用の写真
完成した写真

玉井先生（練習用）
切り抜き
佐藤みどりさん
次の写真の余分なところを本を参考に切り抜いて下さい。
タッチ

タッチ

みどり
画面の下のほうに表示が出てきましたね。

玉井
ここで右下の「↓」マークにタッチすると、写真を保存できます。

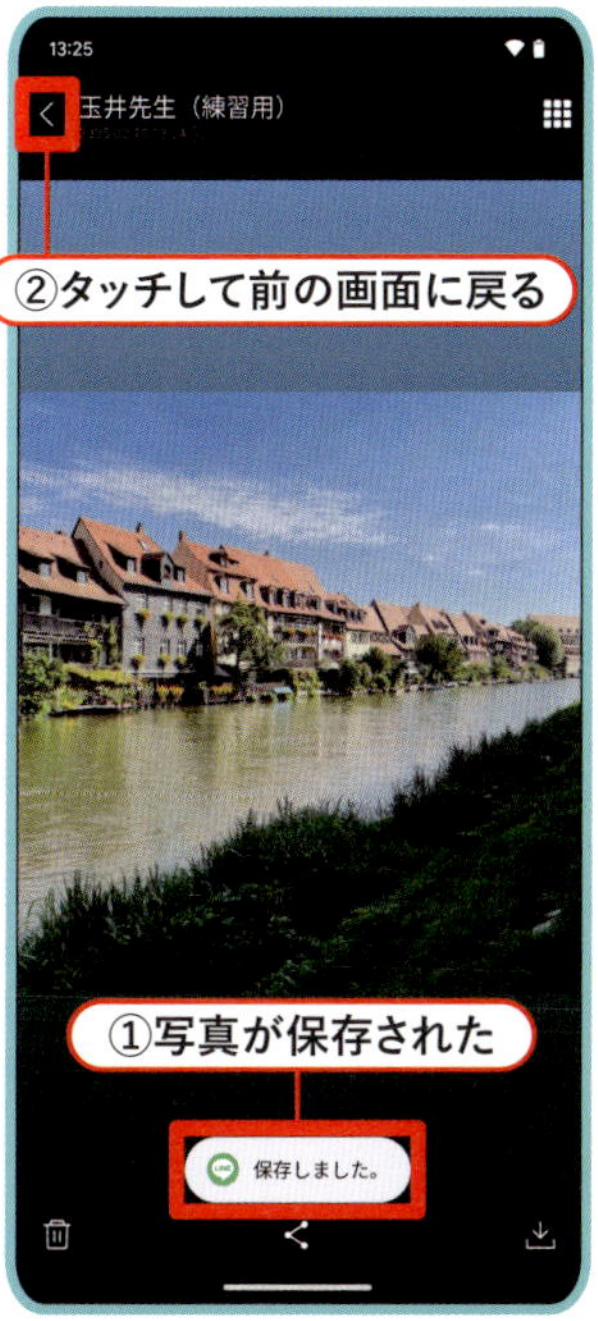

みどり
タッチしたら「保存しました」という表示が出ましたよ。

玉井
おめでとうございます。これで写真が保存できました。では、このあと写真を加工する方法を練習しましょう。たとえば、こんな加工です。

玉井

・不要なところを削除する「切り抜き」
・横向きの写真を縦向きに変えたりするときに使う「回転」
・隠したいところにスタンプを置いて隠す「スタンプ」
・セリフやメモを入力する「文字入れ」
・大事なところを丸で囲んだりするときに使う「お絵描き」
・隠したいところを見えないようにする「ぼかし」

みどり

ずいぶんたくさんあるのね。でも、どれもよく使いそうなものばかりだわ。この機会にしっかり練習してみるわ。

玉井

一度にやると大変なので、みどりさんのペースで少しずつ練習しましょうね。繰り返し練習することでだんだん慣れていきますよ。

アイフォン　アンドロイド

写真の切り抜き

写真を切り抜けるようになると、写真の端にある余分な部分を切り取ったり、見せたい部分だけ残したり、写真の大きさを変えることができますよ。

1 写真マークをタッチした後、切り抜きしたい写真をタッチ
（「○」印を避けてタッチ）

2 右上の四角いマークをタッチ

3 写真の右上に指を置き、そのまま赤線まで引き下げる

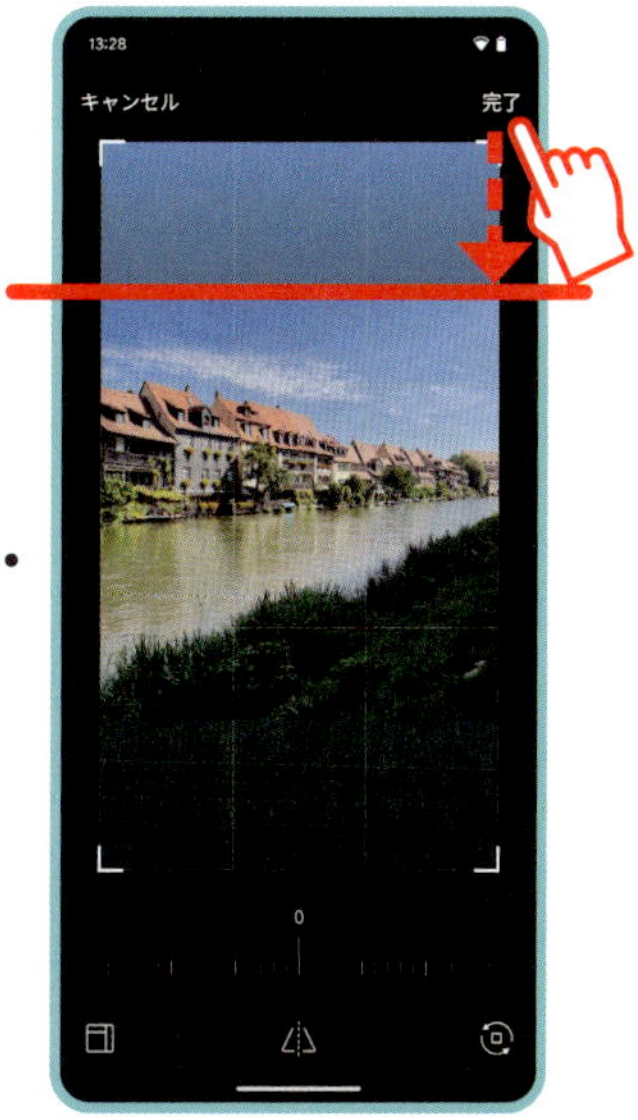

4 写真の左下に指を置き、そのまま赤線まで引き上げる

5 明るく見えているところ以外は切り抜かれる。これで問題なければ「完了」をタッチ

6 写真を保存するには、画面左下の「↓」マークをタッチ

7 写真が保存された

ポイント

手順1で写真のマークが表示されない場合は、画面左下の「>」マークをタッチしましょう。

ポイント

もっと練習したい人は

玉井先生にLINEで「切り抜き2」「切り抜き3」と送ってみてください。玉井先生から練習用の写真が送られてきます。

切り抜いた写真をLINEで送る

写真を切り抜いたら、玉井先生に送って比較してみましょう。同じ手順で友だちに写真を送ることもできます。

アイフォン　アンドロイド

1 写真マークをタッチした後、切り抜きしたい写真をタッチ
（「○」印を避けてタッチ）

2 紙飛行機マークをタッチし、左上の「<」ボタンをタッチ

3 写真を送ったら、正解例と比べてみよう

ポイント

手順1で写真のマークが表示されない場合は、画面左下の「>」マークをタッチしましょう。

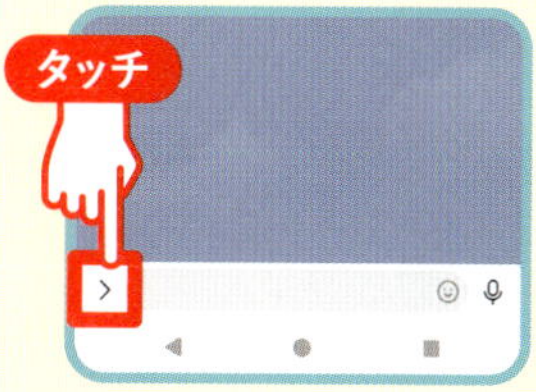

アイフォン　アンドロイド

写真を回転させる

写真を回転させられるようになると、横向きや逆さまになってしまった写真を正しい向きに直せます。スマホを横向きで撮影した写真などの向きを調整するのに役立ちます。

1 玉井先生に「回転」と送る

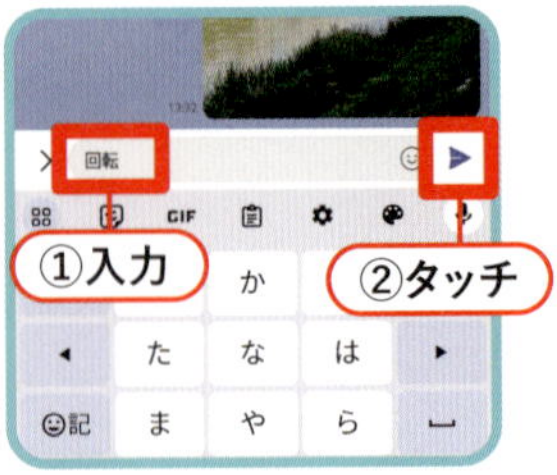

2 60〜61ページの手順で画像を保存しておく。「＜」をタッチしてもとの画面に戻る

3 写真マークをタッチし、回転させたい写真をタッチ
（「○」印を避けてタッチ）

4 一番上にある「切り抜きと回転」をタッチ

5 右下の回転マークを3回タッチする

6 正しい向きになったら、「完了」をタッチ

7 右下の紙飛行機マークをタッチ

8 送られてきた正解例と比べてみよう

ポイント

もっと練習したい人は

玉井先生にLINEで「回転2」「回転3」と送ってみてください。玉井先生から練習用の写真が送られてきます。

写真にスタンプを押す

写真の上にかわいいスタンプを貼り付けられます。個人情報に配慮して顔を隠したり、写真を楽しく飾り付けたりするのに使います。

1 玉井先生に「スタンプ」と送る

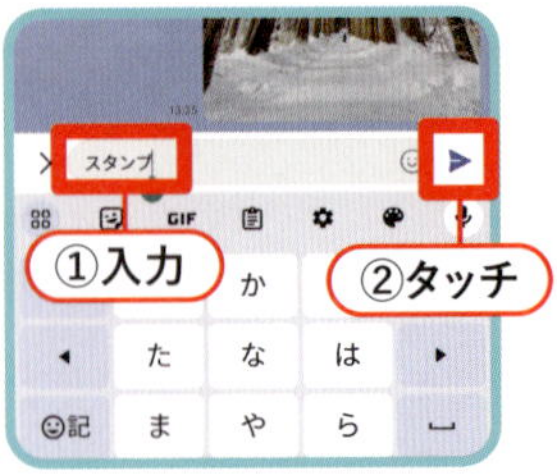
スタンプ
①入力
②タッチ

2 60〜61ページの手順で画像を保存しておく。「＜」をタッチしてもとの画面に戻る

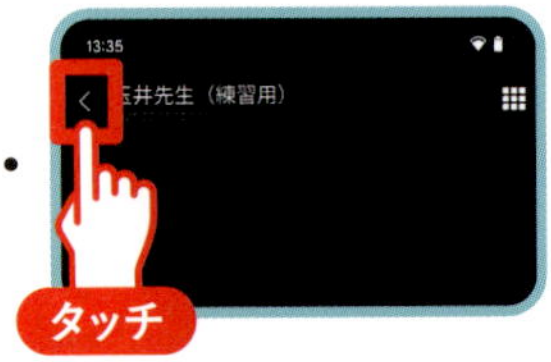
玉井先生（練習用）
タッチ

3 写真マークをタッチし、保存した写真をタッチ
（「○」印を避けてタッチ）

玉井先生（練習用）
本を見ながら編集して下さい。
↓の写真が完成図になります。
①タッチ
②タッチ

4 上から2番目にある「スタンプ」をタッチ

切り抜きと回転
スタンプ
テキスト
ペイント
タッチ

5 好きなスタンプを選んでタッチ

キャンセル
完了
絵文字
タッチ

6 スタンプを顔に移動させるには、スタンプを指でタッチしたまま動かしたい場所まで指でなぞる
完成できたら「完了」をタッチ

キャンセル
完了
①スタンプを移動
②タッチ

7 右下の紙飛行機マークをタッチ

タッチ

8 送られてきた正解例と比べてみよう

玉井先生（練習用）
個人情報保護のために顔にスタンプを入れましょう。
本を見ながら編集して下さい。
↓の写真が完成図になります。

ポイント

もっと練習したい人は
玉井先生にLINEで「スタンプ2」「スタンプ3」と送ってみてください。玉井先生から練習用の写真が送られてきます。

写真に文字を入れる

写真に文字を入れられるようになると、説明や日付、メッセージを書き込めるようになります。いつどこで撮った写真かメモを残したり、写真にメッセージを添えたりするときに使います。

アイフォン　アンドロイド

1 玉井先生に「テキスト」と送る

2 60～61ページの手順で画像を保存しておく。「＜」をタッチしてもとの画面に戻る

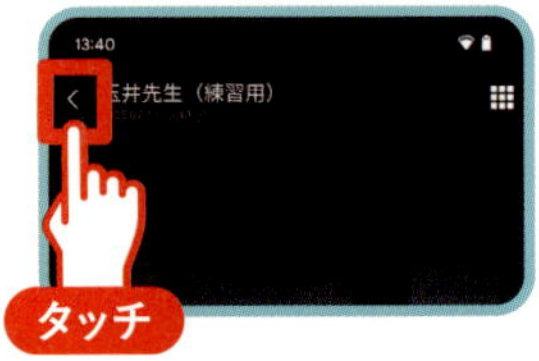

3 写真のマークをタッチし、保存した写真をタッチ
（「○」印を避けてタッチ）

4 上から3番目にある「テキスト」をタッチ

5 この画面が出たら、送りたい文章を入力

6 文字が大きかったら、左端の白い○のマークをタッチしたまま下に下げると小さくなる

7 文字の位置を変えたいときは、指をおいてなぞる。文字が入力できたら「完了」をタッチ

8 紙飛行機マークをタッチすると、LINEに写真が送られる

ポイント

もっと練習したい人は

玉井先生にLINEで「テキスト2」「テキスト3」と送ってみてください。玉井先生から練習用の写真が送られてきます。

アイフォン　アンドロイド

写真に絵を描く

ＬＩＮＥを使って、写真の上に線を引いたり丸で囲んだりできます。地図の写真で目的地を示したり、説明したい部分を矢印で指し示したりするのに便利です。

1 玉井先生に「お絵描き」と送る

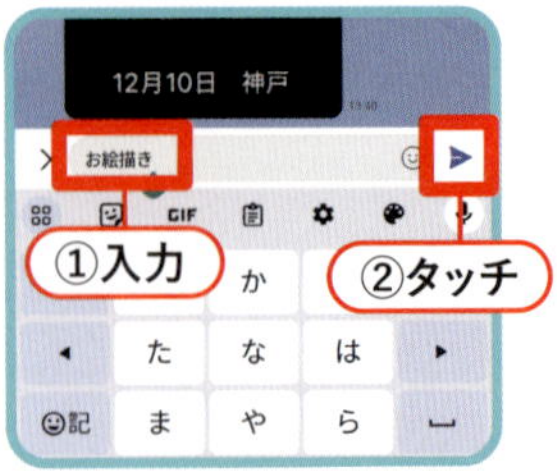

2 60〜61ページの手順で画像を保存しておく。「＜」をタッチしてもとの画面に戻る

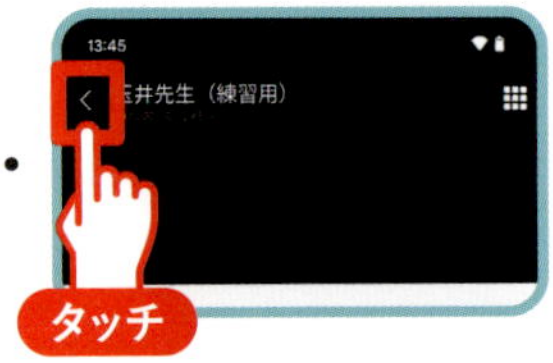

3 写真マークをタッチし、保存した写真をタッチ
（「○」印を避けてタッチ）

4 上から4番目にある「ペイント」をタッチ

5 画面下の一番左にあるマークにタッチ

6 指でなぞると写真に線が引ける。完成したら「完了」をタッチ

7 右下の紙飛行機マークをタッチ

8 送られてきた正解例と比べてみよう

ポイント

もっと練習したい人は

玉井先生にLINEで「お絵描き2」「お絵描き3」と送ってみてください。玉井先生から練習用の写真が送られてきます。

アイフォン　アンドロイド

写真にぼかしを入れる

LINEでは、写真の一部を霧がかかったようにぼやけさせることができます。個人情報が写っているときや、背景に写った人の顔を隠したいときに使います。

1 玉井先生に「ぼかし」と送る

2 60〜61ページの手順で画像を保存しておく。「＜」をタッチしてもとの画面に戻る

3 写真マークをタッチし、保存した写真をタッチ
（「○」印を避けてタッチ）

4 下から3番目にある「モザイク・ぼかし」をタッチ

5 画面下の右にあるマークにタッチ

6 ぼかしたいところを囲むように指指でなぞり最後に「完了」をタッチ

7 紙飛行機マークをタッチ

8 送られてきた正解例と比べてみよう

ポイント

もっと練習したい人は
玉井先生にLINEで「ぼかし2」「ぼかし3」と送ってみてください。玉井先生から練習用の写真が送られてきます。

玉井

これで、写真の保存や加工、送信ができるようになりましたね。ここまでできた方は私に「8級できた」とLINEを送ってみてください。私からのお返事が返ってきます。

これで8級合格。
おめでとうございます!

memo.

合格した日

月　　日

7級

スマホに変えた友だちとつながりたい！

LINEの友だち追加

LINEで「7級はじめます」と
玉井先生にメッセージを送ってみましょう。
玉井先生からのお返事が届きます。

練習をはじめた日　　月　　日

友だちとLINEでつながろう

みどり

玉井先生、私の友だちの田中さんが最近LINEを始めたみたいで、「LINEで連絡を取りましょう」って言われたんです。でも、どうやってつながればいいのかわからなくて。今日は友だちの田中さんも連れてきたので、やり方を教えてください。

玉井

わかりました。ではQRコードを使って簡単に友だち追加する方法をお教えします。まずは、田中さんがLINEを開いてください。

友だち（田中さん）の操作

田中

はい。LINEを開きました。

玉井

次に、自分のＱＲコードを表示します。田中さんは、「ホーム」画面（30ページ参照）の「検索」欄の右側にあるマークをタッチしてください。

田中

カメラのような画面が開きました。

玉井

画面の下側にある「マイＱＲコード」をタッチして下さい。

田中

四角い模様が出てきました。これが私のQRコードなんですね。

友だちのスマホ画面

みどりさんの操作

玉井

次はみどりさんの操作です。みどりさん、LINEのホーム画面を開けて検索欄の右側にあるマークをタッチして下さい。

みどりさんのスマホ画面

みどり
なるほど、10級で玉井先生のLINEとつながった時と同じ方法ですね。

玉井
その通りです。では田中さんのQRコードをカメラで読み取りましょう。スマホのカメラを、田中さんのQRコードに向けてください。

みどり

あ！　田中さんの名前が出てきたわ！

玉井

それでは、画面の下にある「追加」というボタンをタッチしてください。

みどりさんのスマホ画面

QRコードの
位置にあわせて
カメラをかざす

11:08
田中
タッチ
追加
ブロック
通報
LINEを悪用した詐欺にご注意ください。
LINE VOOM投稿

みどり

タッチしました。「追加」が「トーク」に変わりましたよ。

玉井

では「トーク」をタッチし、「こんにちは」と打って送ってください。

みどりさんのスマホ画面

みどり

はい、田中さんのＬＩＮＥに「こんにちは」と送ってみます。

みどりさんのスマホ画面

友だち（田中さん）の操作

玉井

田中さん、みどりさんからLINEがきたら「追加」をタッチしてください。

田中

はい、「追加」をタッチしました。これで私たちはLINEでつながれましたか？

玉井

はい、つながれましたよ。最後に田中さんも、みどりさんに「こんにちは」と返信しましょう。お互いのメッセージが見えると安心できますよ。この方法で、直接会える友だちと簡単に友だち追加ができます。ちなみに、遠くに住んでいる友だちとつながりたい場合は、また別の方法がありますよ。それは次のページからお教えしますね。

友だちのスマホ画面

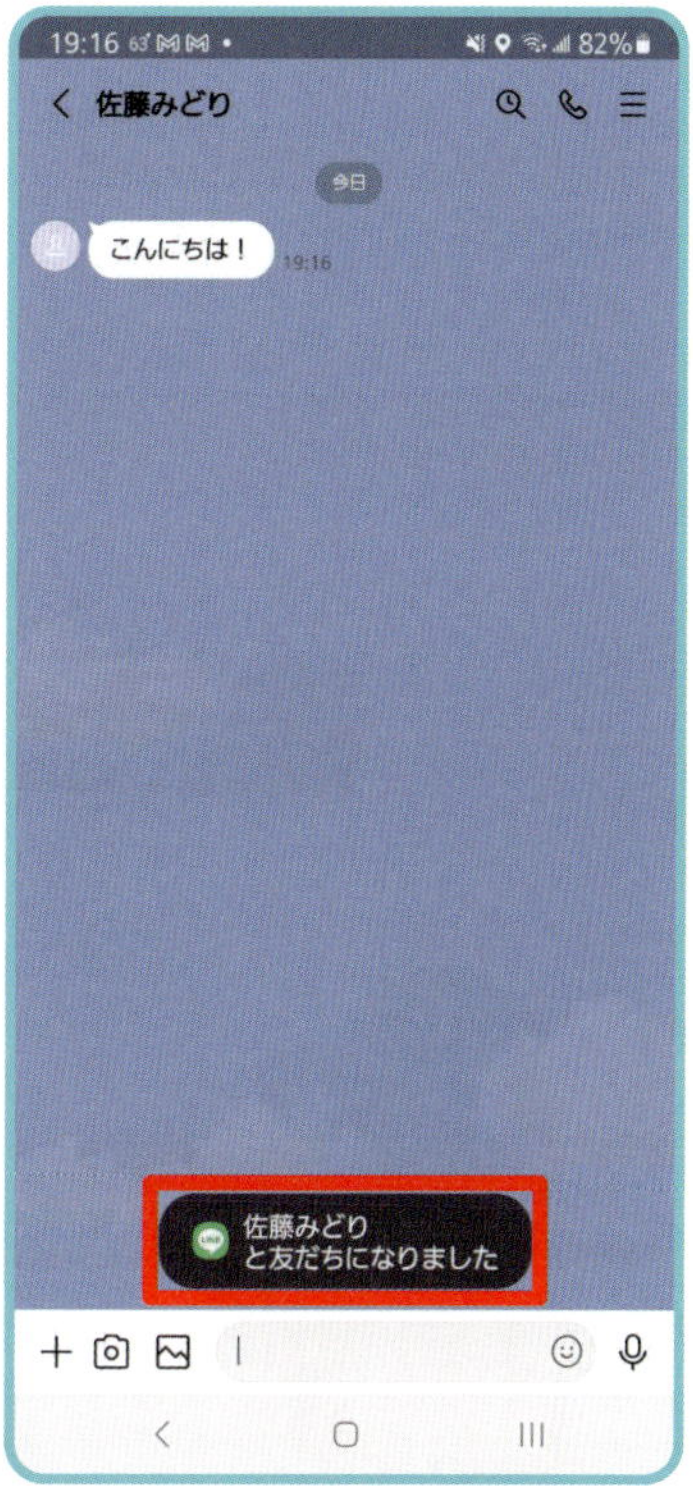

遠方にいる友だちとLINEでつながる（アンドロイド）

遠くに住んでいる友だちとLINEでつながりたい場合は、メッセージを使って招待を送ります。ここでは、田中さんからみどりさんに送る例で解説します。

1 LINEの左下にある「ホーム」をタッチし、「検索」欄の右側のマークをタッチ

2 「マイQRコード」をタッチ

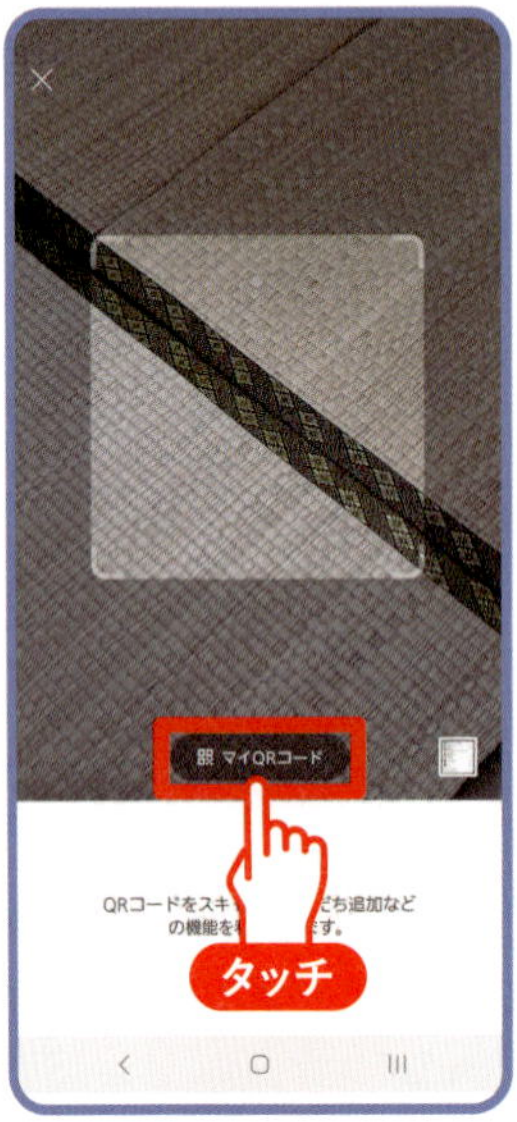

3 「リンクをコピー」をタッチ

4 画面の最下部から上に向かって指でなぞる

5 メッセージアプリをタッチ

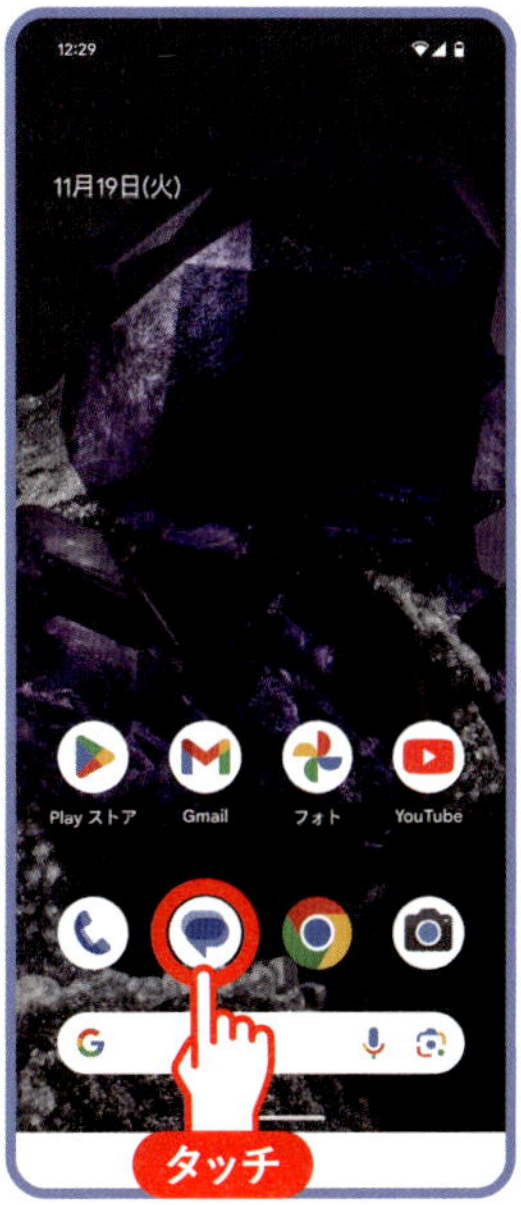

6 「チャットを開始」をタッチ

7 友だちの名前を入力し、名前をタッチ

8 「テキスト メッセージ」をタッチしたまま3秒ほど待つと「貼り付け」と表示が出る。「貼り付け」をタッチ

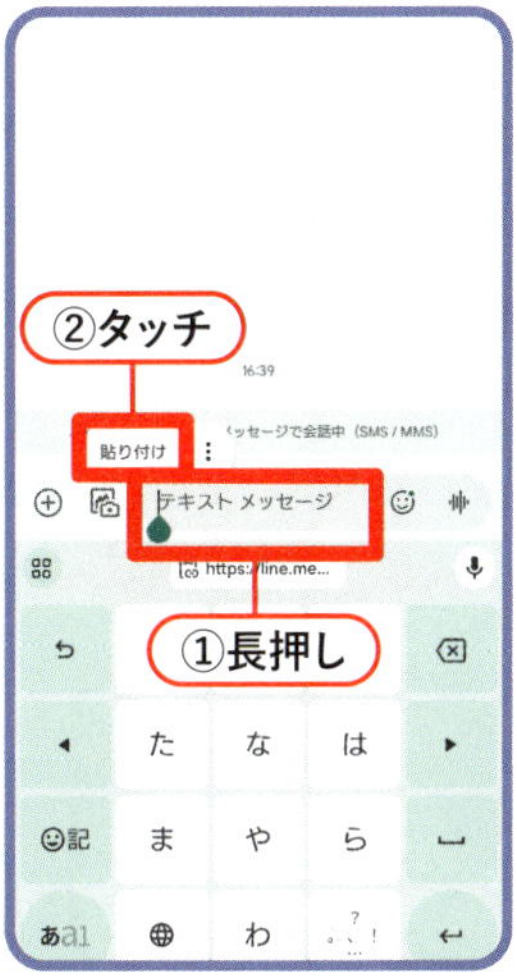

9 紙飛行機マークをタッチ

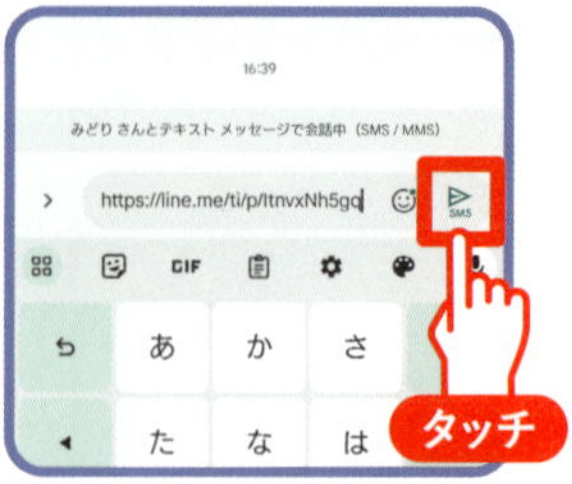

10 相手に招待メッセージを送信できた

11 友だちからLINEが届いたら、その通知をタッチ

12 「追加」をタッチ

13 友だちが追加された

ポイント

LINEで招待した友だち側の操作

86～88ページの手順でLINEで友だちを招待した場合、招待された友だちも「友だち追加」の操作をする必要があります。93ページの手順を教えてあげましょう。

遠方にいる友だちとLINEでつながる（アイフォン）

遠くに住んでいる友だちとつながりたい場合は、メッセージを使って招待を送ります。ここでは、田中さんからみどりさんに送る例で解説します。

1 LINEの左下にある「ホーム」をタッチし、「検索」欄の右側のマークをタッチ

2 「マイQRコード」をタッチ

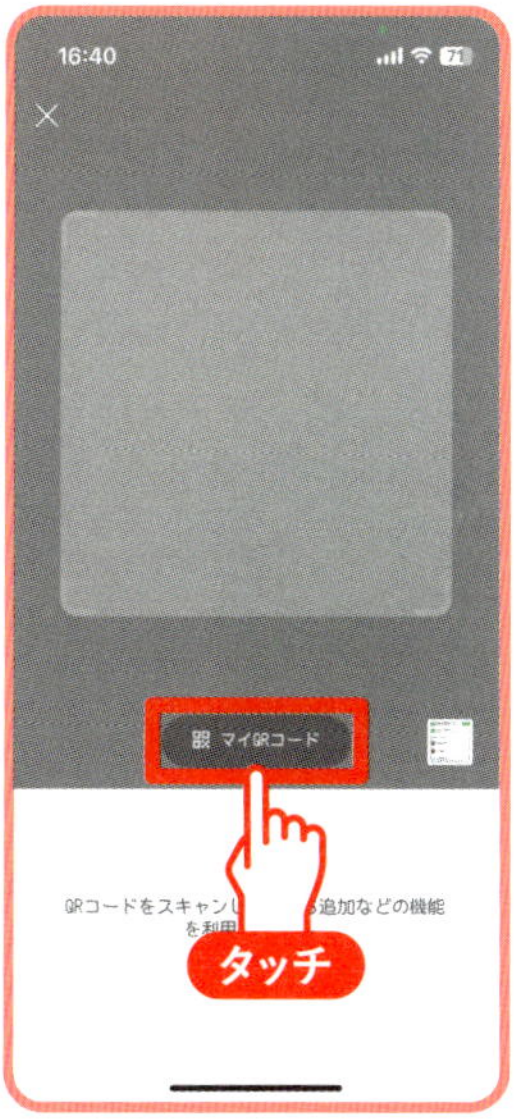

3 「リンクをコピー」をタッチ

4 画面の下端から上に向かってなぞる

5 メッセージアプリをタッチ

6 画面右上のマークをタッチ

7 宛先の右にある「＋」をタッチ

8 虫眼鏡マークの検索窓に名前を入力し、名前をタッチ

9 入力欄をタッチしたまま3秒ほど待つと「ペースト」と表示が出る。「ペースト」にタッチ

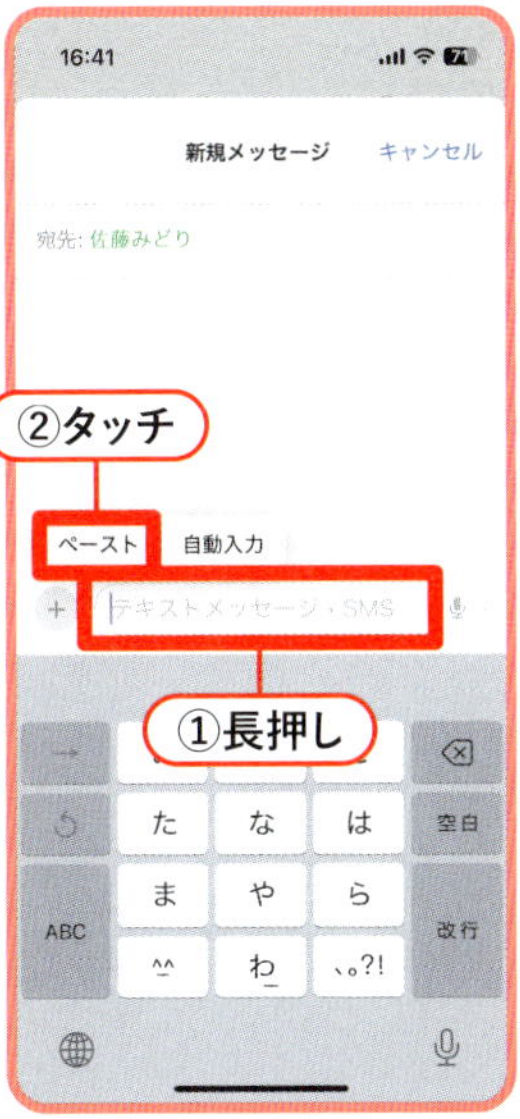

10 「LINE Add Friend」という緑のマークが出たら、右の ↑ マークをタッチ

11 相手に招待メッセージが送られた

12 友だちからLINEが届いたら、その通知をタッチ

13 この画面で「追加」をタッチすると、友だちが追加される

18:04
佐藤みどり
友だちではないユーザーです。
このユーザーを不審に思ったら、ブロックして通報してください。
LINEを悪用した詐欺にご注意ください。
追加
ブロック
通報
今日
ここから未読メッセージ
ありがとうございます
タッチ

14 友だちが追加された

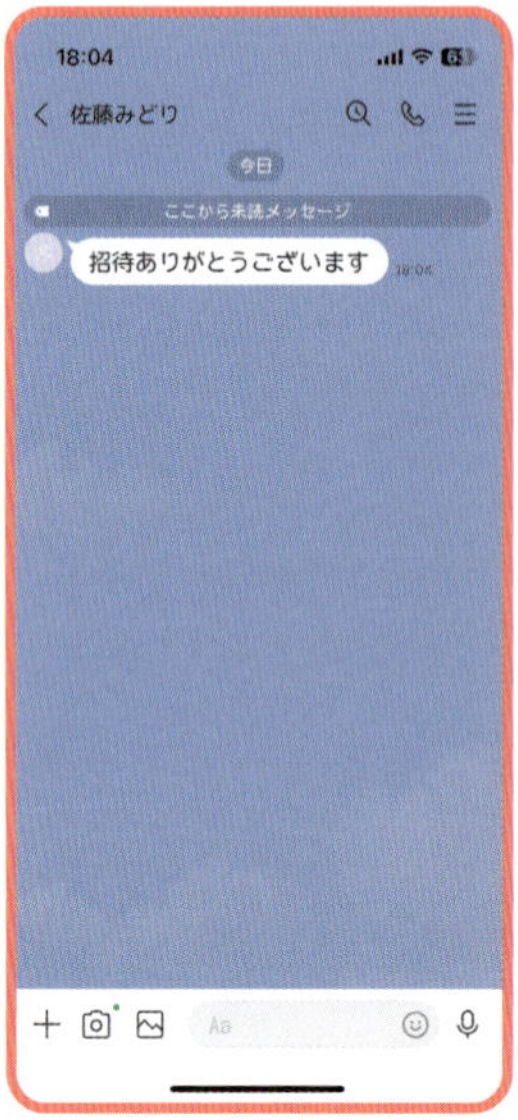
18:04
佐藤みどり
今日
ここから未読メッセージ
招待ありがとうございます

ポイント

友だちを連絡先に追加

手順8の画面で送りたい相手が表示されない場合は、相手の連絡先を登録しましょう。連絡先の登録手順は、4級で紹介しています（アンドロイドは130ページ、アイフォンは139ページを参照）。この手順で連絡先を新規登録したら、手順8から続けてください。

ポイント

LINEで招待されたら

89～92ページの手順でLINEで友だちを招待した場合、招待された友だちも「友だち追加」の操作をする必要があります。93ページの手順を教えてあげましょう。

遠方にいる友だちから招待が届いたら

友だちからメールやメッセージで招待が届いたら、青文字にタッチし、LINEの友だちに追加しましょう。友だち追加したあとは、挨拶メッセージを送ることを忘れずに。

アイフォン　アンドロイド

1 招待メッセージが届いたら、青文字（または緑色のマーク）にタッチ

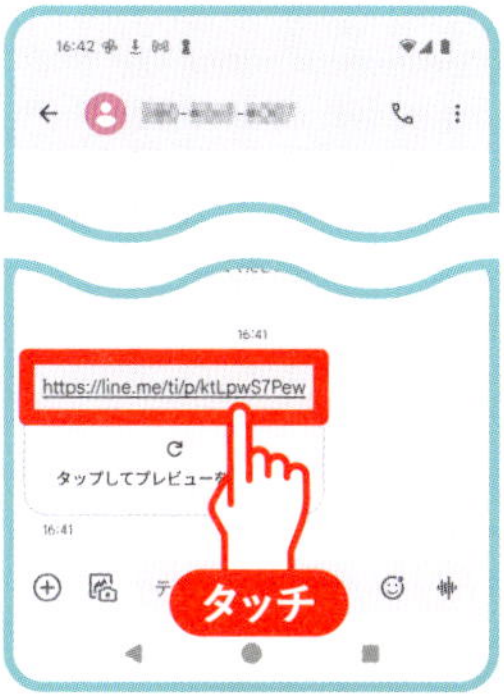

2 LINEが開き、友だちのアカウントが表示されたら「追加」をタッチ。すると、メニューが変わる

「トーク」に変わった

3 「トーク」をタッチしてトーク画面を開き、招待を送ってくれた友だちにメッセージを送ろう

ポイント

友だちを追加したらメッセージを送ろう

LINEで友だちを追加しても、相手にはそのことが通知されません。招待が届き、友だちを追加したら、必ずひとことメッセージを送るようにしましょう。

これで7級合格。
おめでとうございます！

memo.

合格した日

月　　日

玉井

これで、友だちとつながることができるようになりましたね。
ここまでできた方は私に「7級できた」とLINEを送ってみてください。
私からのお返事が返ってきます。
次の6級では、LINEのグループやスタンプ、アルバムといった機能を使う方法を紹介します。

6級

LINEにも慣れたので！

LINEのグループ・スタンプの利用

LINEで「6級はじめます」と
玉井先生にメッセージを送ってみましょう。
玉井先生からのお返事が届きます。

練習をはじめた日　　月　　日

LINEのさまざまな機能を使おう

玉井

LINEにはさまざまな便利機能があります。まずはLINEグループについて学んでいきましょう。友だちからグループに招待されたとき、どうなるのかをお伝えしますね。

みどり

はい。実はLINEのお友だちから「旅行愛好会グループに招待いたしました」というメッセージをいただいたんです。トーク画面を見ると、「旅行愛好会」という名前が増えていました。これがグループなんですか？

玉井

そうですね。この旅行愛好会のグループを作った友だちが、みどりさんをグループに招待したんです。

みどり

あ、だから突然グループのメッセージが届き始めたんですね。ちょっとびっくりしました。

玉井

参加したくないと思ったら、グループから退会できますよ。その方法は後ほどお伝えしますね。グループ作成時の設定によっては、「○○さんがあなたをグループに招待しました」というメッセージが届くことがあります。その場合は、［参加］ボタンをタッチすると参加できます。

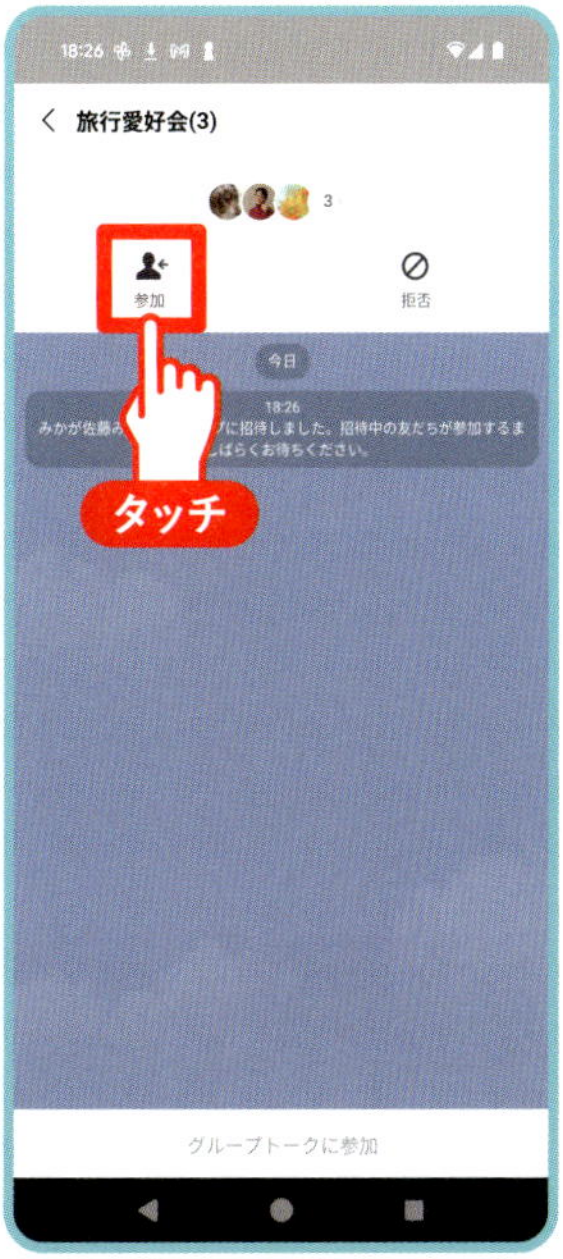

みどり

グループでは、どんなことができるんですか？

玉井

まず、グループＬＩＮＥと普通のＬＩＮＥの見分け方の違いをお伝えしますね。グループＬＩＮＥは名前の後ろに（）がありその中に数字が入っています。みどりさんが入ったグループＬＩＮＥは旅行愛好会（4）となっているので、みどりさんを合わせて4人の人が参加しています。このグループに入っている人は全員がみどりさんのＬＩＮＥとつながっている友だちではない場合があります。

グループに参加している人数
(4)
今日
みかが佐藤みどりをグループに追加しました。
ここから未読メッセージ
よろしくお願いします！
よろしくおねがいしまーす
よろしくお願いします

玉井

個人的にＬＩＮＥをしていない間柄でも同じグループＬＩＮＥに入るとみんなで会話ができます。デジタルの掲示板のようなものです。

玉井

全く知らない人のグループには参加しないようにしてください。まれに投資グループなどに自動的に招待されているケースがあります。不必要なグループに招待されたら、ＬＩＮＥグループから抜ける方法（１１０ページ）を参照してください。

みどり

よくわかりました！　ところで、グループに入ったら、まず何をすればいいんでしょうか。

玉井

まずは簡単に挨拶しておくとよいでしょう。画面下の入力欄をタッチして「よろしくお願いします」と入力して紙飛行機マークをタッチします。

みどり

送信できました！　この後は、みなさんの会話を見ながら、時々発言すればいいんでしょうか。

玉井

はい。グループの中に、自分の知らない方もいる場合は名前も入れて自己紹介するとお互いが認識しやすくなり会話もスムーズです。最初は様子を見ながら、興味のある話題のときに発言するのがいいですよ。たとえば「こんなところに行ってきました」とか「美味しいお料理を見つけました」といった感じで。

みどり

そんな感じで書き込めばいいんですね。これからたくさん旅行のお話ができそうで楽しみです。

玉井

その調子です。では次は、動画の転送やアルバムの作り方、スタンプの入手方法などを学んでいきましょう。

みどり

はい、お願いします！

送られてきた動画を転送する

LINEに送られた動画は、別の友だちやグループに転送できます。動画に個人の顔が映っている場合は、その人に許可を得てから他の方にも送るように注意しましょう。

アイフォン　アンドロイド

1 転送したい動画の右にある「<」(アイフォンでは「↑」)マークをタッチ

2 転送したい相手をタッチし、「転送」をタッチ

3 動画が転送された

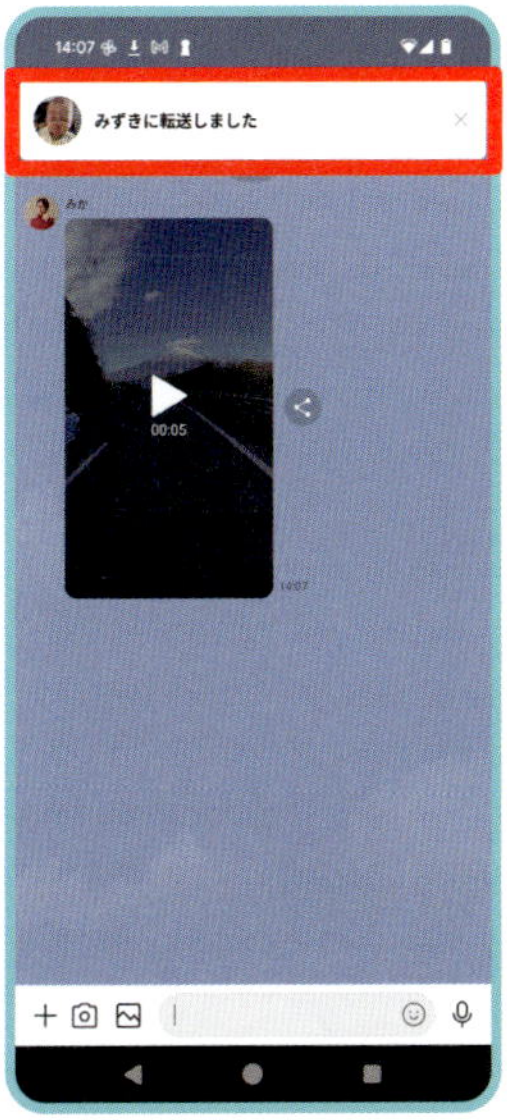

写真のアルバムを作る

LINEグループで共有された写真は、アルバムとしてまとめておくことができます。たとえば、旅行の思い出の写真などを、テーマごとにまとめて整理できます。後から見返すときに便利です。

1 グループ画面の右上にある「三」マークをタッチ

2 「アルバム作成」をタッチ

3 アルバムに保存したい写真をタッチ（複数も可）し、「作成」をタッチ

4 アルバムのタイトルを入力し「作成」をタッチ

5 初回のみ、メッセージを読んで「同意する」にタッチ

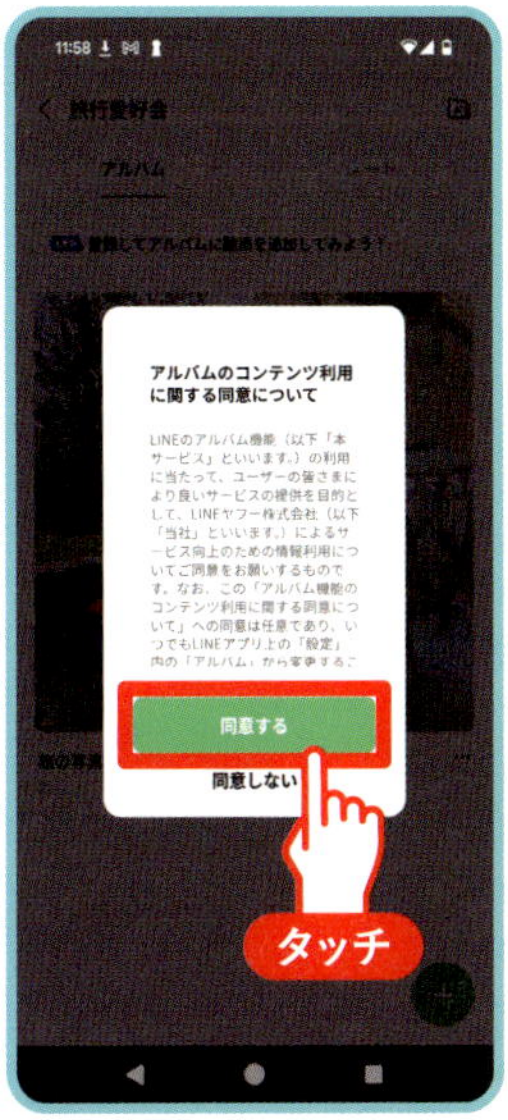

6 アルバムが作成された。トーク画面に戻るには、左上の「<」をタッチ

7 トーク画面にアルバムが表示された

ポイント

アルバムの写真を保存しよう

アルバムにある写真で気に入ったものは、写真をタッチ→「↓」マークをタッチでスマホに保存できます。

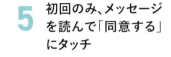

スタンプをダウンロードして送信する

LINEには最初からいくつかのスタンプが用意されていますが、ダウンロードしなければ使えません。ここでは、無料で使える基本のスタンプをダウンロードする方法と使い方を解説します。

1 メッセージ入力欄の横にあるスタンプマークをタッチ

2 スタンプの上に指を置き、左にすべらせる。次に、右から二番目に出てくる歯車マークをタッチ

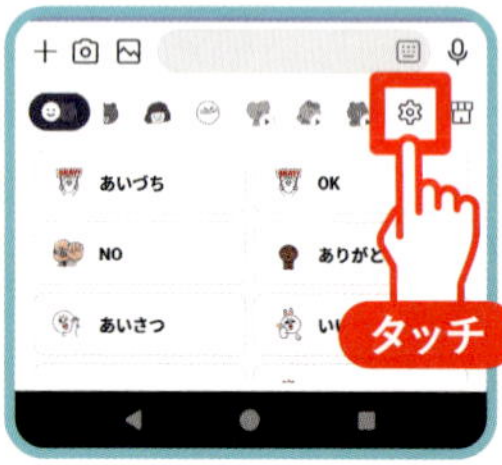

3 「マイスタンプ」をタッチ

4 画面の一番下にある「すべてダウンロード」をタッチ

5 ダウンロードが終わった。左上の「＜」をタッチし、次の画面でも「＜」をタッチしてトーク画面に戻る

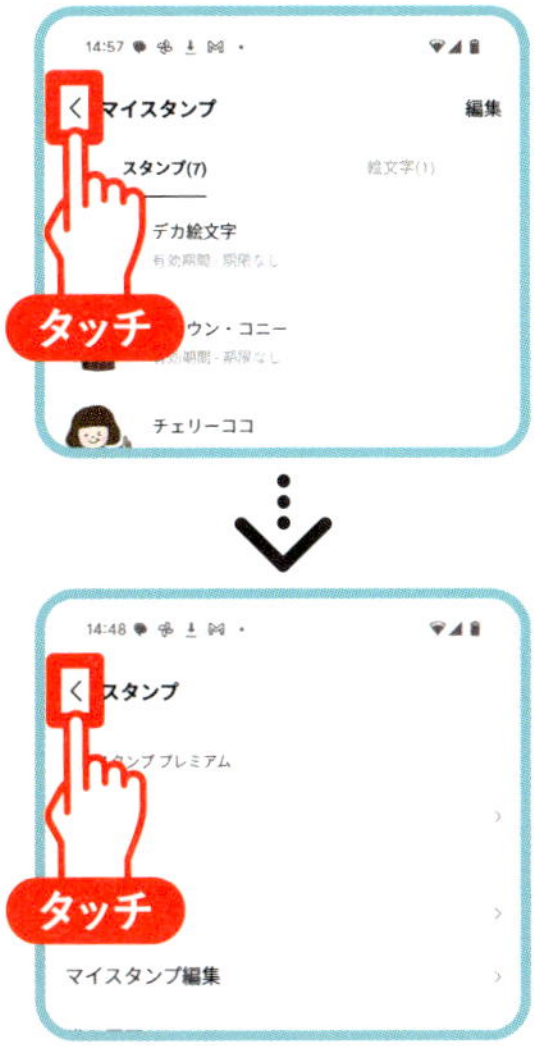

6 スタンプが表示された。好きなスタンプを選んでタッチ

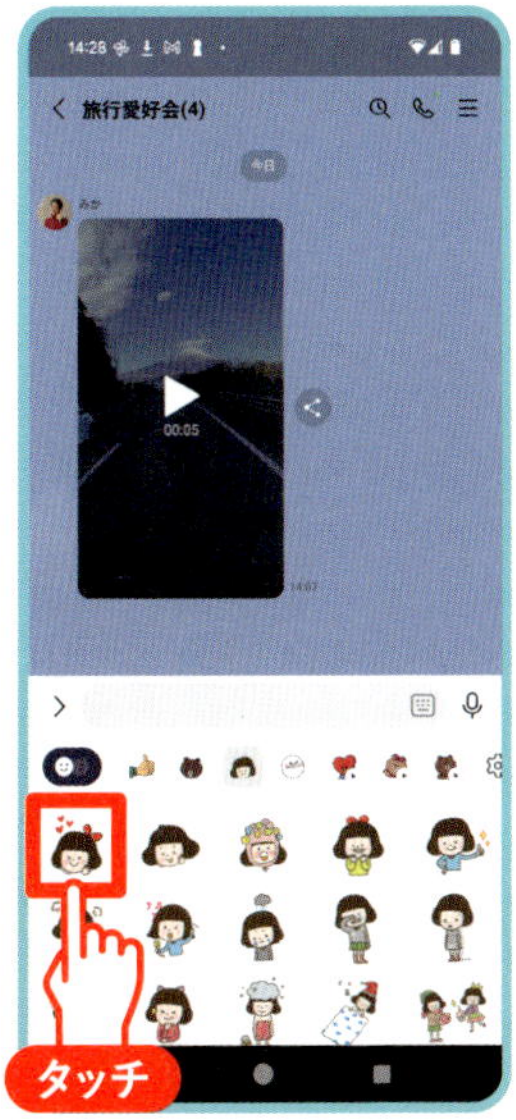

7 スタンプが表示された。これでよければもう一度タッチ

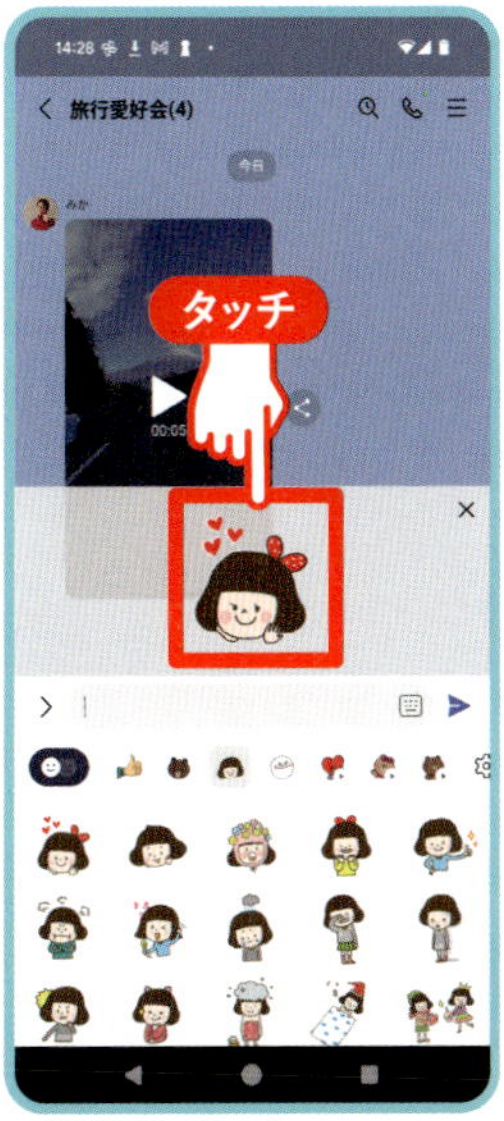

8 トーク画面にスタンプが送られた

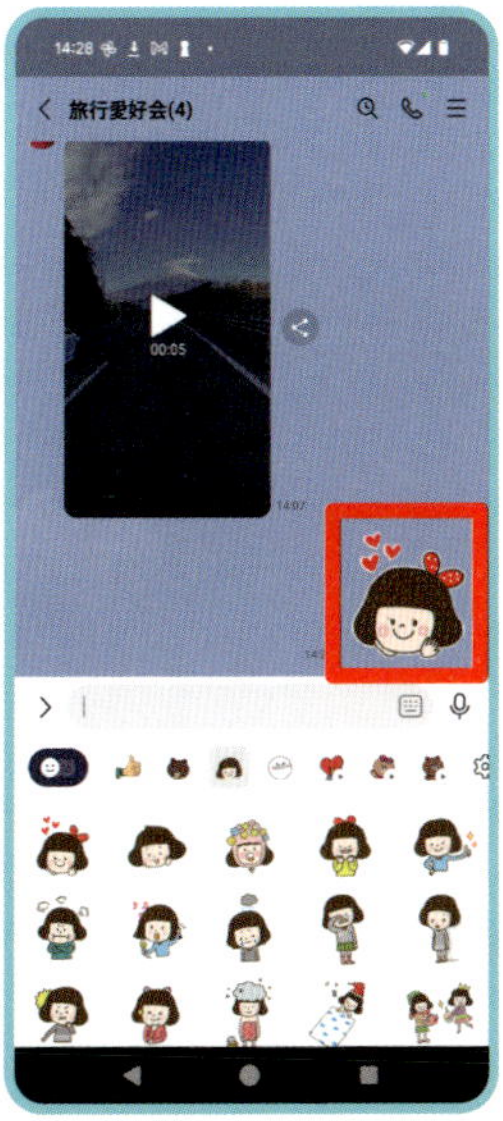

スタンプの種類を増やす（無料スタンプをもらう）

LINEのスタンプショップでは、さまざまな無料のスタンプが入手できます。ここでは、無料スタンプの探し方と、ダウンロード（スマホに入れる）の方法を説明します。

アイフォン　アンドロイド

1 104ページの手順2まで操作し、一番右のお店のマークをタッチ

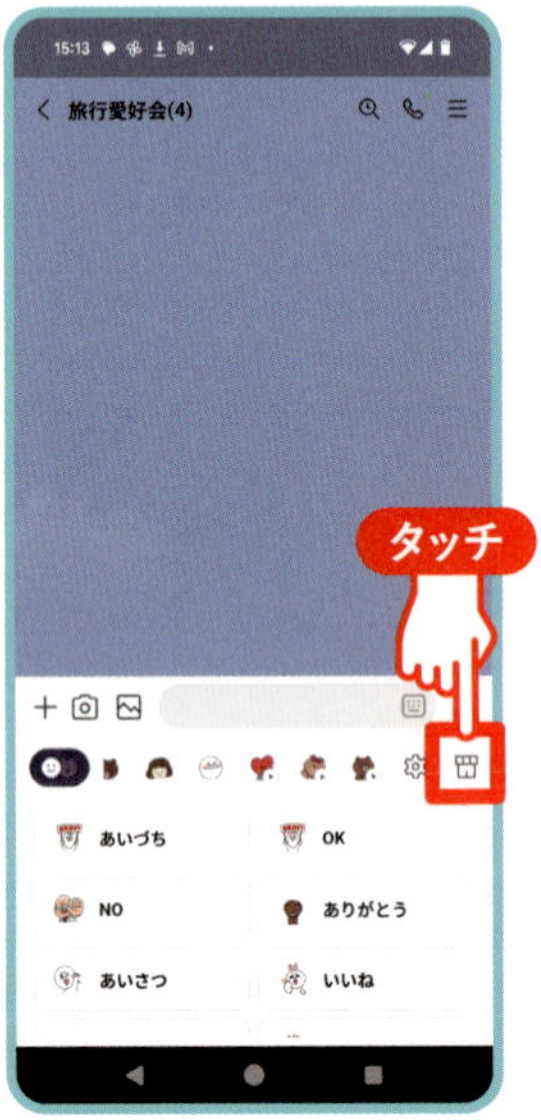

2 スタンプショップが表示されたら「無料」をタッチ

3 無料スタンプが表示されたら、好きなスタンプを選んでタッチ

4 この画面が開いたら、「友だち追加して無料ダウンロード」をタッチ。スタンプがダウンロードされたら、「OK」をタッチ

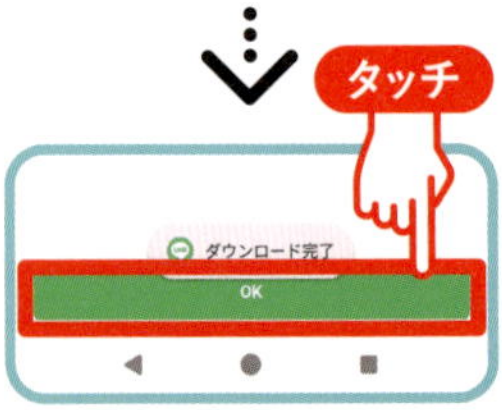

5 トーク画面に戻るには、左上の「＜」マークにタッチ

6 スタンプショップの右上にある「×」をタッチ

7 トーク画面に戻った。無料スタンプが表示されている

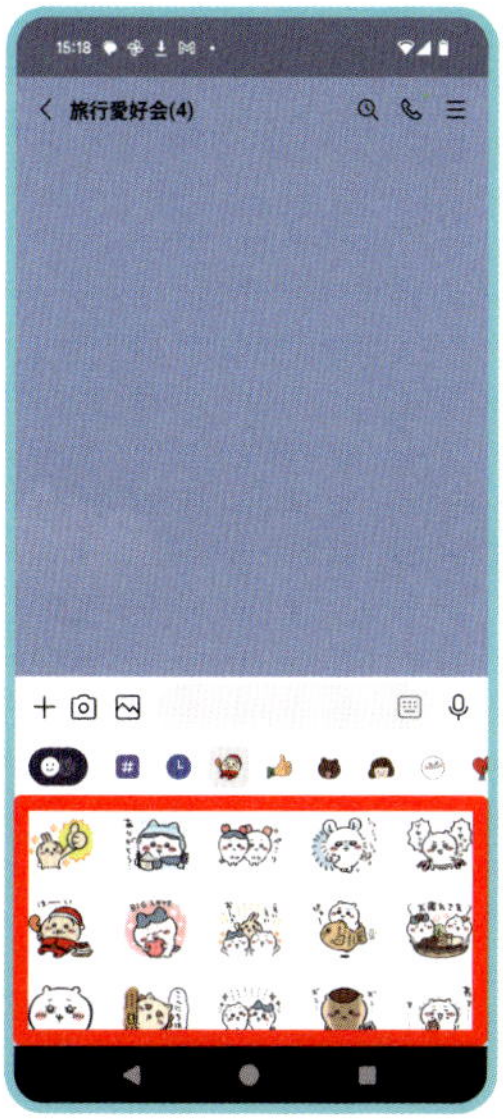

ポイント

無料スタンプのしくみ

無料スタンプは企業が宣伝目的で提供しています。スタンプが使える代わりに、企業からの宣伝が届くしくみです。

宣伝のLINEが不要な場合は次ページのブロックという方法で宣伝が届かなくなります。

またこれらのスタンプは期間限定で、時期が来ると自動的に使えなくなります。

不要なLINEをブロックする

会話をしたくない相手がいる場合は、ブロックという方法を使います。相手と自分の間に鉄の壁のようなものを作る仕組みで、相手がメッセージを送っても鉄の壁に邪魔され一切自分に届かなくなります。

アイフォン　アンドロイド

1 ブロックしたい相手のトーク画面を開く

2 右上の「三」マークをタッチ

3 この画面が開いたら、右端の「ブロック」をタッチ

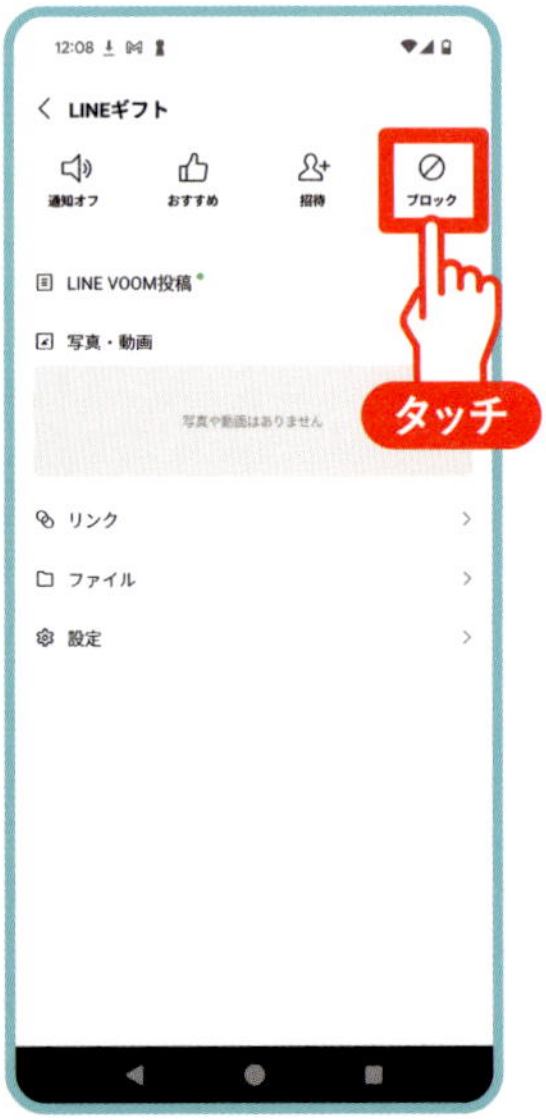

4 ブロックが完了した（「ブロック」が「ブロック解除」に変わった）。ブロックを解除したいときは「ブロック解除」をタッチ

トークを削除する

必要のない相手とのトークは、削除することで大切なトークを見つけやすくなります。削除しても相手には通知されません。ただし、削除したトークは元に戻せないので、注意が必要です。

アイフォン　アンドロイド

1 トーク一覧で削除したいトークを長押しする

2 このメニューが表示されたら、「削除」をタッチ

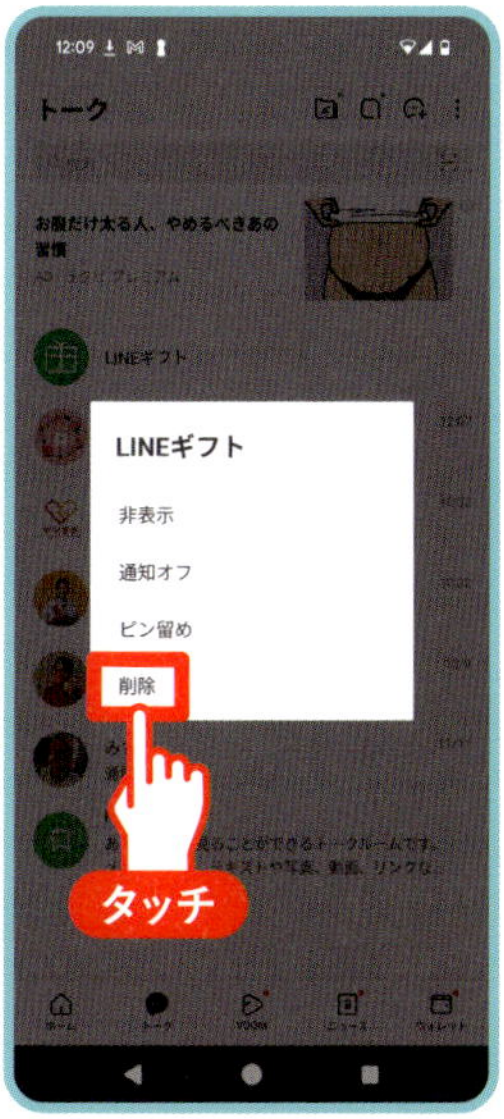

3 「削除の確認」が表示されたら「はい」をタッチ

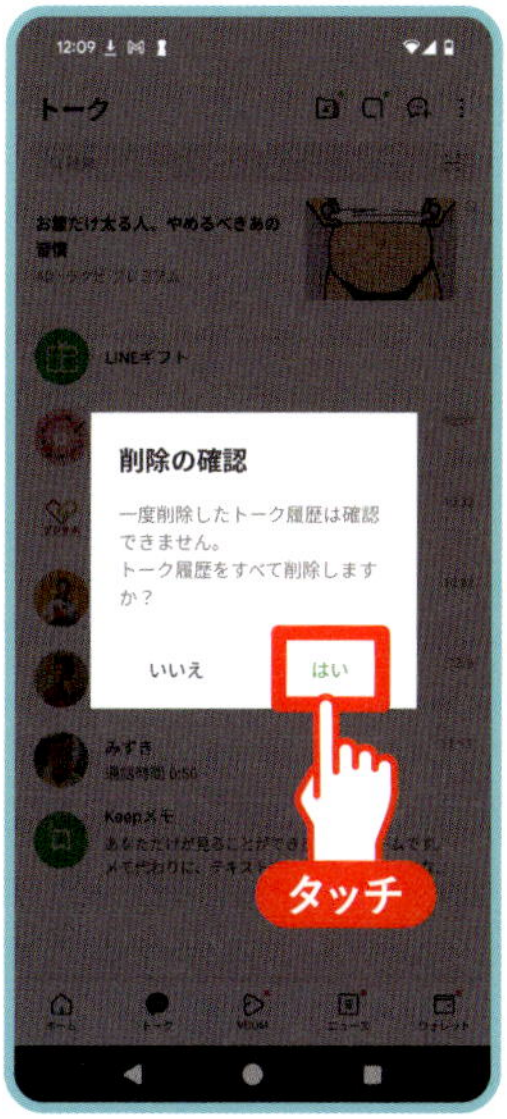

4 トーク画面が削除された

LINEグループから抜ける

参加する必要がなくなったグループからは、退会できます。必要に応じて、上手にグループを整理していきましょう。

アイフォン　アンドロイド

1 グループ画面の右上にある「三」マークをタッチ

旅行愛好会(4)
今日
みかが佐藤みどりをグループに追加しました。
よろしくお願いします！
よろしくおねがいしまーす
よろしくお願いします
この前、福島に行ってきました。ここは諸橋美術館というところで、素晴らしかったです。
タッチ

2 「退会」をタッチ

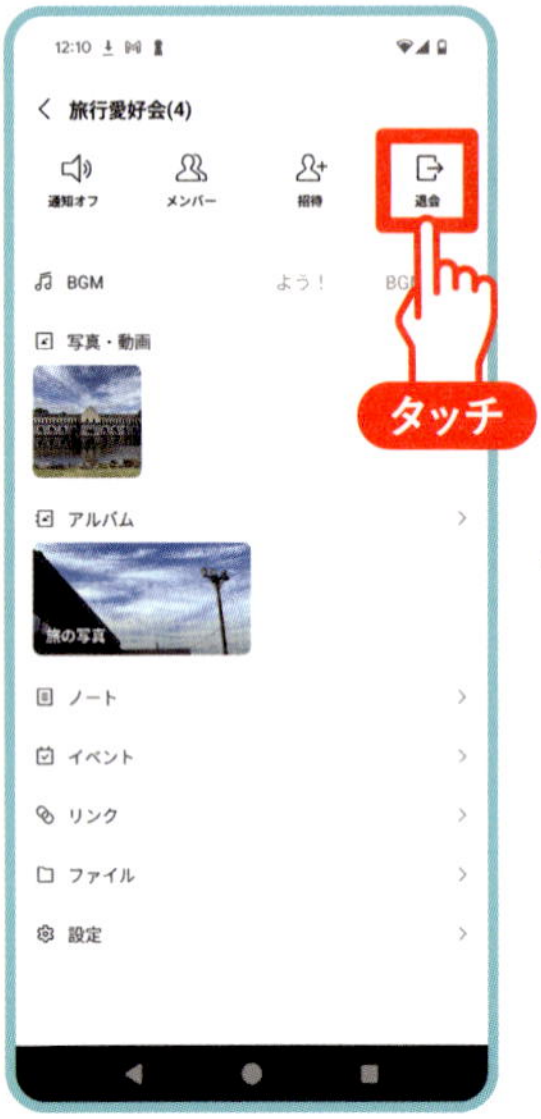

旅行愛好会(4)
通知オフ
メンバー
招待
退会
BGM
写真・動画
アルバム
旅の写真
ノート
イベント
リンク
ファイル
設定
タッチ

3 このメッセージが表示されたら「はい」をタッチ

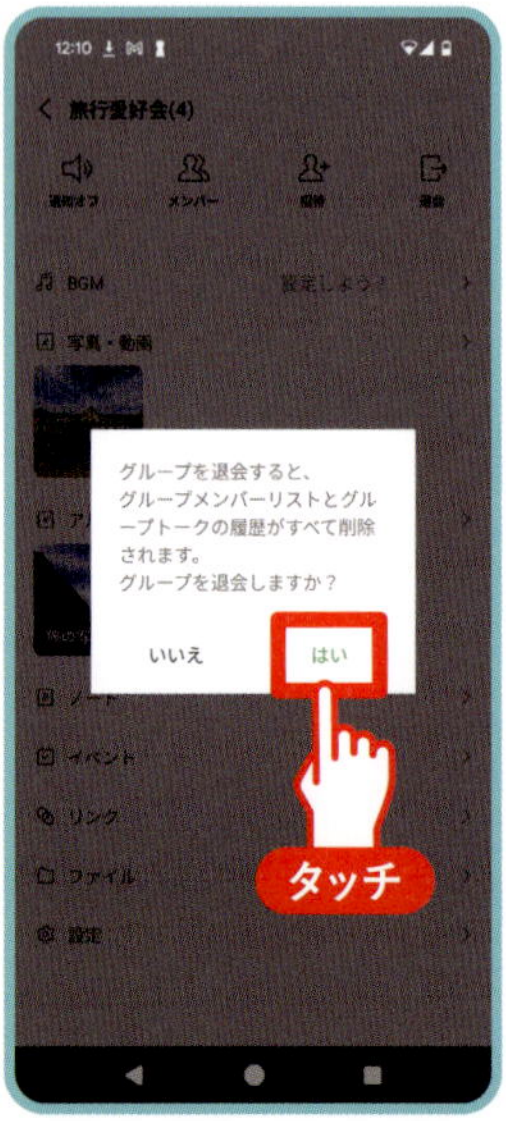

旅行愛好会(4)
グループを退会すると、グループメンバーリストとグループトークの履歴がすべて削除されます。
グループを退会しますか？
いいえ
はい
タッチ

4 LINEグループから退会できた

トーク
オンライン学級会
玉井先生（練習用）
みか
写真を送信しました
みずき
Keepメモ

玉井

LINEのいろいろな機能を使いこなせるようになりましたね。
ここまでできた方は私に「6級できた」とLINEを送ってみてください。
私からのお返事が返ってきます。
次の級では、電話を取る方法を紹介します。

これで6級合格。
おめでとうございます!

memo.

合格した日

月　　日

コラム

ブロックしたことは相手にもわかる?

108ページで紹介した「ブロック」は、知らない人から怪しいメッセージが届いたり、広告メールのような商品案内が何度も届いたりするときに、相手からの連絡を届かなくするための機能です。

このブロック機能を使った場合、相手には「ブロックされた」という通知は届きません。そのため、ブロックしたことに気づかれることは基本的にありません。ただ、普通のメッセージのやり取りでは、読まれたメッセージには「既読」がつきます。ブロックされた相手のメッセージは届かないので「連絡を送っているのにぜんぜん既読がつかない」と違和感を持たれることはあるかもしれません。

とはいえ、迷惑な相手とのやり取りに悩むことがあったら、勇気を持ってブロックしましょう。ブロックは解除する（108ページ手順4）ことも可能です。

5 級

無料で電話が使えるの？

電話を取る

LINEで「5級はじめます」と
玉井先生にメッセージを送ってみましょう。
玉井先生からのお返事が届きます。

練習をはじめた日　　月　　日

電話とＬＩＮＥ電話の違いを知ろう

玉井

今回は電話の取り方を学びますが、その前に、まずは電話とＬＩＮＥ電話の違いについて知っておきましょう。

みどり

2種類の電話があるんですね。どんな違いがあるんですか？

玉井

電話は、固定電話と同じように通話料がかかります。特にスマホから電話をかけると固定電話からかけるよりも高額になります。ＬＩＮＥ電話は通話料が無料なんですよ。

みどり
なるほど。どうしてＬＩＮＥ電話は通話料がかからないのですか？

玉井
ＬＩＮＥ電話は、インターネットを使う電話なので、電話料金はかかりません。ＬＩＮＥでつながっている友だちと電話するときは、ＬＩＮＥ電話を使うのがおすすめですよ。

みどり
ＬＩＮＥ電話なら節約できますね。嬉しい。

玉井
まずは電話の取り方から説明しますね。アンドロイドとアイフォンで操作が違うので、自分のスマホにあった説明を見てください。

リンゴのマークがあればアイフォン

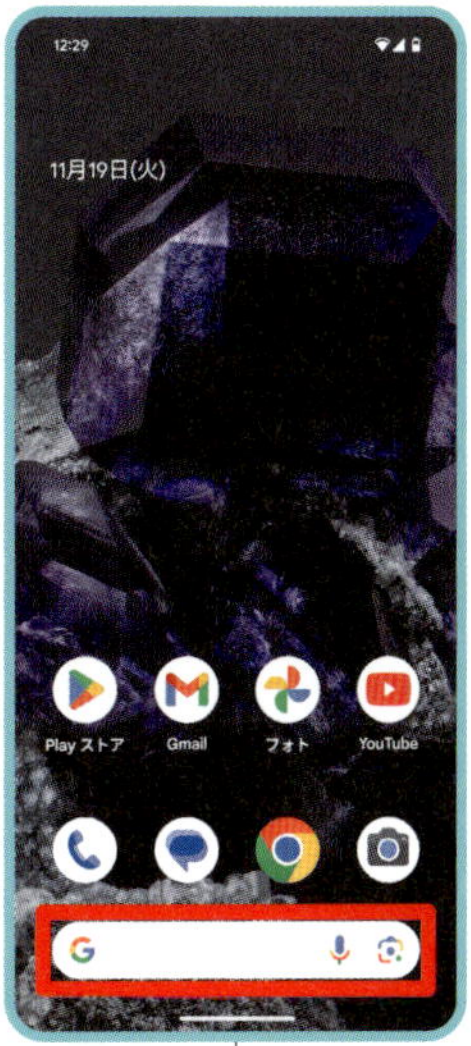

Googleの検索欄があったらアンドロイド

電話を取ろう（アンドロイド）

玉井

まずスマホの電話の取り方を練習してみましょう。家の電話とは少し違うので、慣れるまで練習が必要ですね。

みどり

そうですね。かかってきても、うまく電話に出られずにかけ直すことが多いんです。

玉井

よくあるお悩みですのでご安心ください。まずは自宅の電話からご自分のスマホに電話をかけて取り方を練習してみましょう。

みどり

はい、かけてみます！　あ、画面に緑の受話器のマークが出てきました！

玉井

そのマークを指でタッチしたまま上方向に指を滑らせると電話が取れますよ。

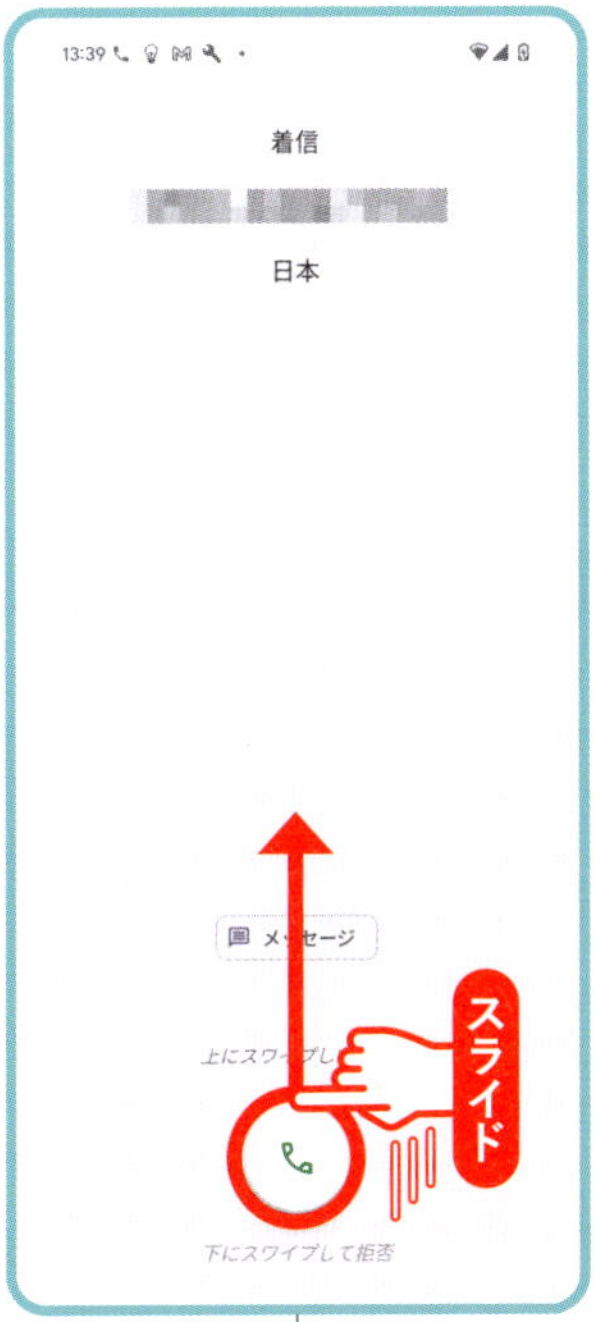

受話器のマークの上に指をおきそのまま上にスライド（指でなぞる）する

みどり

緑の受話器マークを上に向かって……。あ、電話が取れました。なるほど、上に向かって指を滑らせるんですね。

玉井

さすがみどりさん。電話が終わったら、赤い受話器のマークをタッチするだけです。切ってみてください。

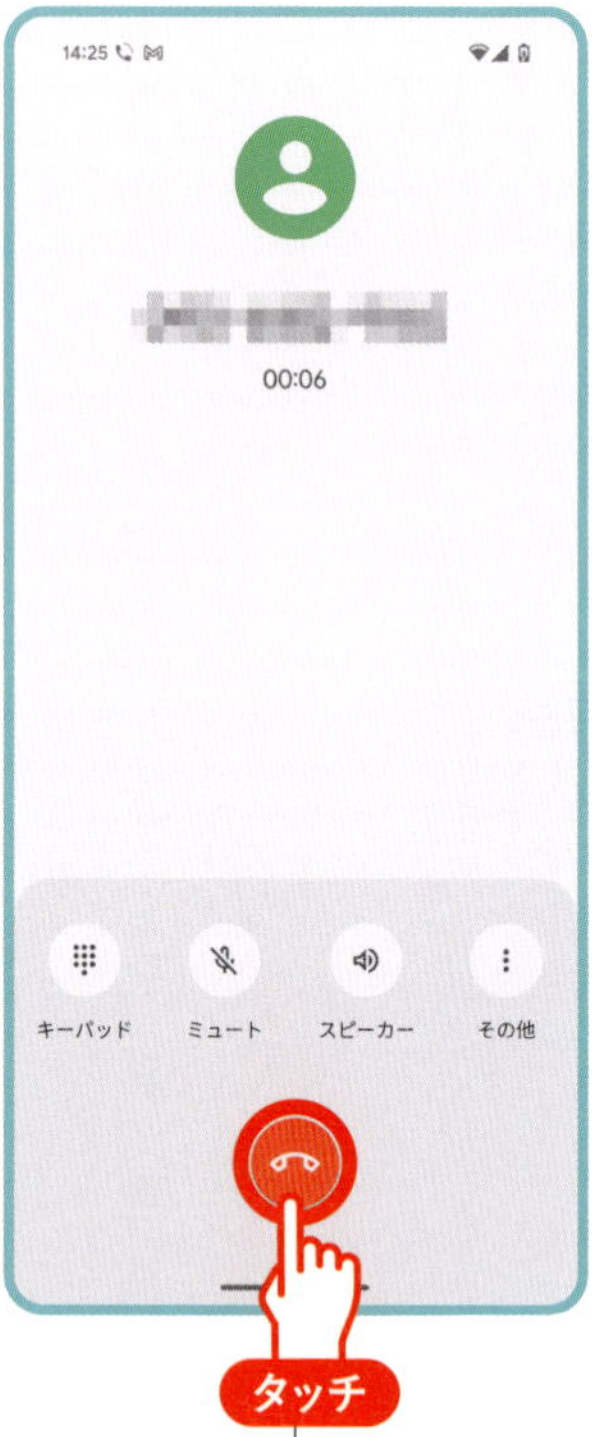

赤い受話器のマークをタッチすると電話が切れる

玉井　スマホを使っている最中に電話がかかってくることもありますよ。

みどり　そのときは画面が変わるんですか？

玉井　はい。画面の上の方に小さく通知が表示されます。緑の受話器のマークをタッチすれば電話に出られます。

みどり

タッチするだけでいいんですね。さっきみたいにスライドする必要はないんですか？

玉井

その通りです。緑の受話器マークをタッチするだけで大丈夫です。赤い受話器のマークをタッチすれば、電話を拒否できます。

「応答」マークをタッチ

玉井

電話を切りたいときは、先ほどと同じように赤い受話器のマークをタッチします。

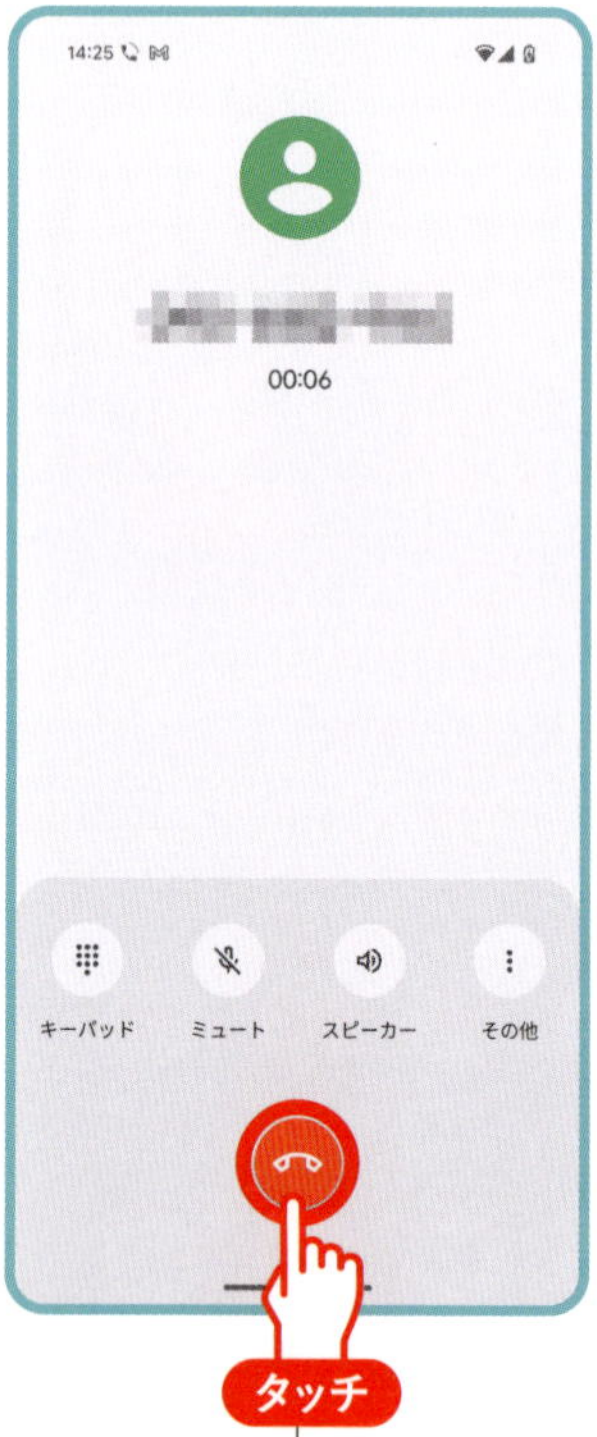

赤い受話器のマークをタッチすると電話が切れる

電話を取ろう（アイフォン）

次にアイフォンでの電話の取り方を練習します。まずは、画面オフ時（スマホを操作していない、画面が真っ暗な状態）に電話がかかってきた場合の操作を説明します。

アイフォン　アンドロイド

1 緑の受話器のマークを右にスライド

2 通話画面。電話を切りたいときは、赤い受話器マークをタッチ

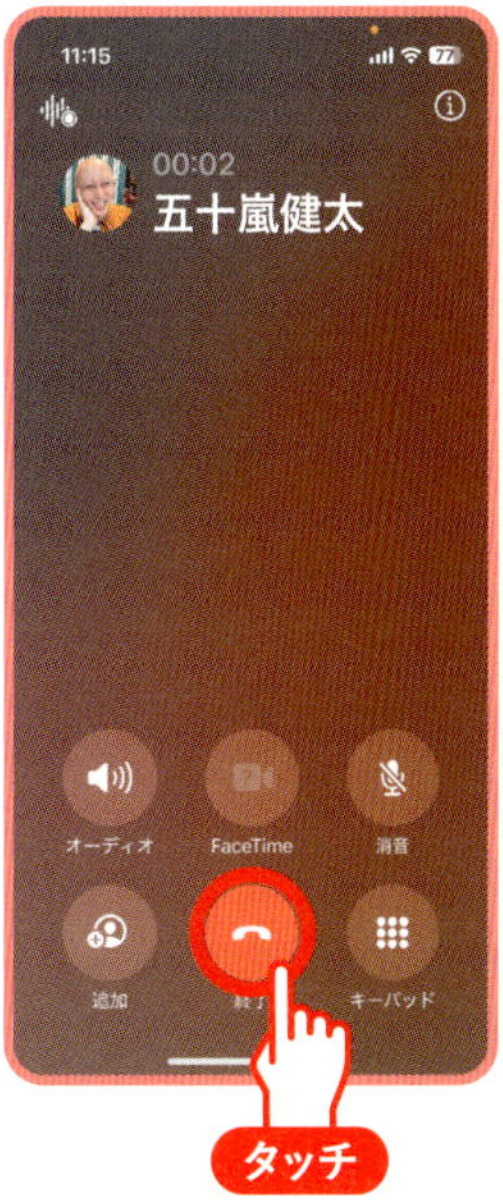

ポイント

「キーパッド」をタッチすると、電話番号を入力できる画面に変わります。自動音声案内など、通話中に番号を入力する必要がある場合に使いましょう。

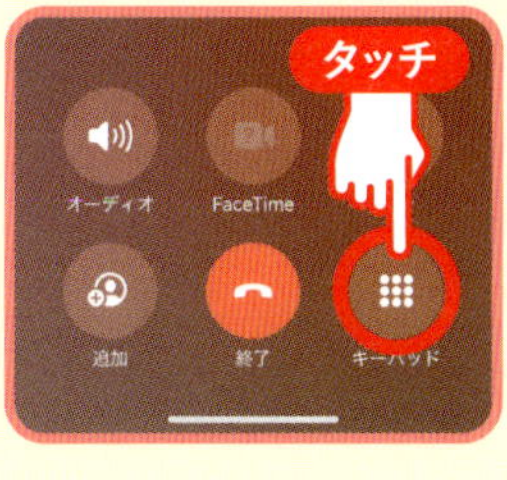

スマホの操作中に電話を取ろう（アイフォン）

スマホの操作中に電話がかかってきた場合は、電話の取り方が少し変わります。

アイフォン　アンドロイド

1 緑の受話器マークをタッチ

2 通話画面。電話を切りたいときは、赤い受話器マークをタッチ

ポイント

上記の手順2の通話画面で、相手の名前が表示されている黒い部分をタッチすると、通常の通話の画面に変わります。

アイフォン　アンドロイド

LINE電話を取ろう（画面オフ時）

ここでは、スマホを操作していない、画面が真っ暗な状態（画面オフ時）にLINE電話がかかってきた時の取り方を説明します。

1 緑の受話器マークを右にスライド

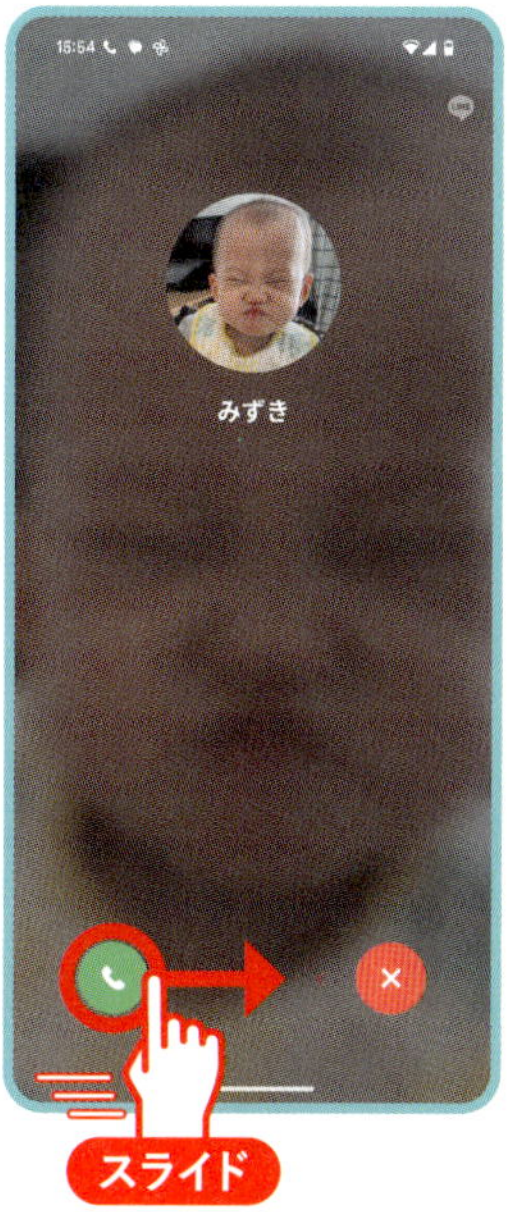

2 通話が始まった

3 話し終わったら赤い×マークをタッチ

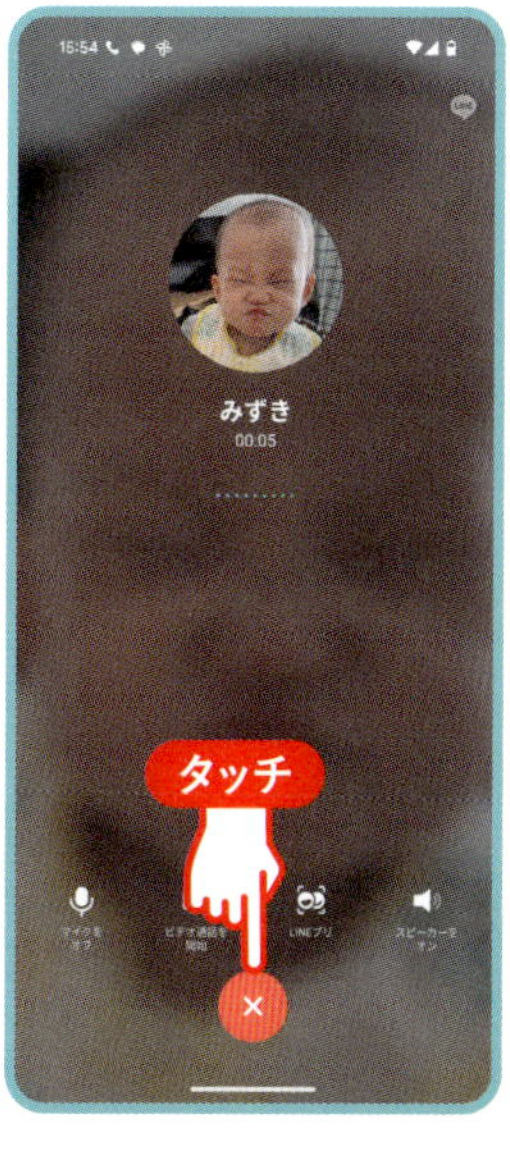

ポイント

はじめて電話を使うときには

アンドロイドで「音声の録音を許可しますか」と表示された場合は「アプリの使用時のみ」をタッチしましょう。アイフォンで同様の表示が出た場合は「ＯＫ」をタッチしましょう。

LINE電話を取ろう(画面オン時)

ここでは、スマホを操作しているときにLINEの電話がかかってきたときの取り方を説明します。電話に出られない場合、赤色の「拒否」マークをタッチすると電話は終了します。

1 緑の受話器マークをタッチ

2 通話が始まった

3 話し終わったら赤い×マークをタッチ

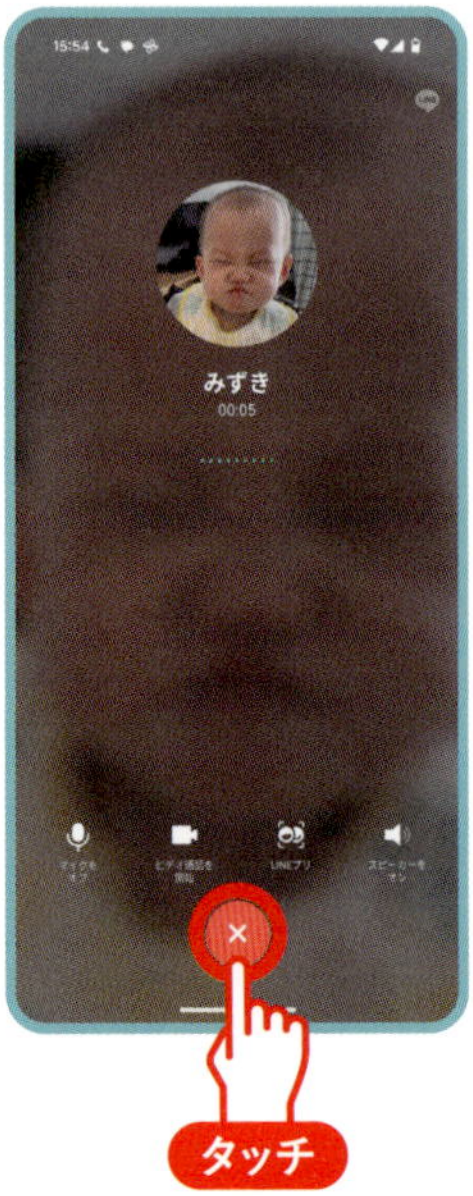

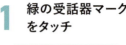

LINEのビデオ通話を取ろう（画面オフ時）

ビデオ通話を使うと、画面越しに相手の顔を見ながら話すこともできます。ビデオ通話ではスマホを耳に当てるのではなく、画面に向かって話します。

1 ビデオ電話がかかってきた画面。相手と自分を確認できる

みずき
①電話の相手を確認
②自分が映っていることを確認

2 緑の受話器マークを右にスライド

みずき
スライド

3 ビデオ通話が始まった

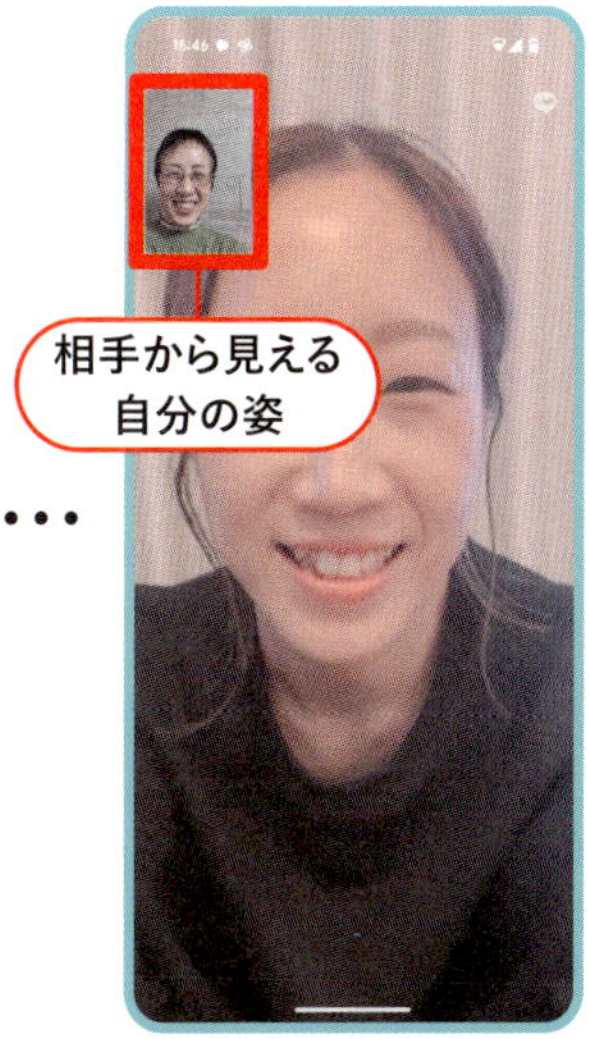
相手から見える自分の姿

4 話し終わったら、下の赤い×マークをタッチ

タッチ

アイフォン　アンドロイド

LINEのビデオ通話を取ろう（画面オン時）

スマホを操作しているときにLINEのビデオ電話がかかってくると、前のページとは違う画面になります。このときのやり方も覚えましょう。

1 相手の名前を確認し、緑の受話器マークをタッチ

2 ビデオ通話が始まった

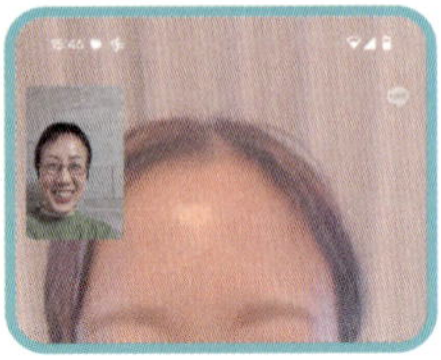

3 話し終わったら、下の赤い×マークをタッチ

ポイント

「カメラをオフ」をタッチすると、自分の顔を映さずにビデオ通話ができます。

ポイント

スマホの背面のカメラで映したものを相手に見せたいときは、右上のカメラ（カメラの中の矢印が一周している）マークを押すとカメラの向きが変わります。

これで5級合格。
おめでとうございます！

memo.

合格した日

月　日

玉井

これで、電話がかかってきたときに受けることができるようになりましたね。ここまで読んだ方は私に「5級できた」とLINEを送ってみましょう。私からのお返事が返ってきます。次の4級では、自分から友だちに電話をかける練習をします。

コラム

Wi-Fi（ワイファイ）ってなに？

ワイファイはスマホをお得に使う方法の1つです。携帯会社のプランによっては、スマホで動画をたくさん見るなど大量の通信を行うと通信料金が高くなりますが、ワイファイを使えばそうした心配はありません。ただし、ワイファイを使うには自宅のワイファイ設備に月額料金がかかります。

ワイファイはカフェやホテルなどにも設置されており、パスワード（暗証番号）をスマホに入力すると簡単に利用できます。一度パスワードを入力するとスマホが記憶してくれるため、次からは距離が近づくと自動でつながります。ワイファイの電波が届かない場所では、自動的にワイファイが切れ、スマホの通信に切り替わります。外出先で無料ワイファイを使う場合、通信内容を盗み見されるおそれがあるため、個人情報のやり取りなどは行わないように注意しましょう。

4級

さっそく電話を使ってみよう！

電話をかける

LINEで「4級はじめます」と
玉井先生にメッセージを送ってみましょう。
玉井先生からのお返事が届きます。

練習をはじめた日　　　月　　　日

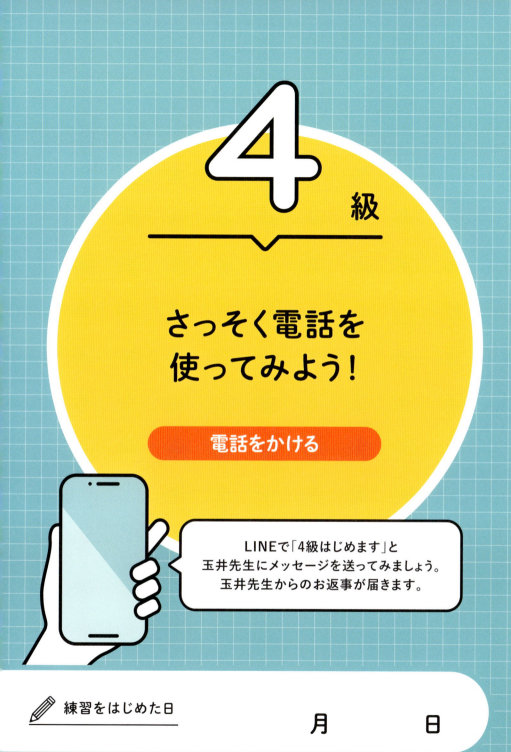

電話番号を登録しよう（アンドロイド）

玉井：ここでは、アンドロイドのスマホで、電話をかける方法を知りましょう。まず、自宅の固定電話や家族、友人の番号を登録してみましょう。

みどり：はい。でも電話番号はどうやって登録するんでしょうか？

玉井：順番に説明しますね。まずはスマホのホーム画面から受話器のマークをタッチしましょう。

みどり：受話器のようなマークですね。タッチしました。

ホーム画面

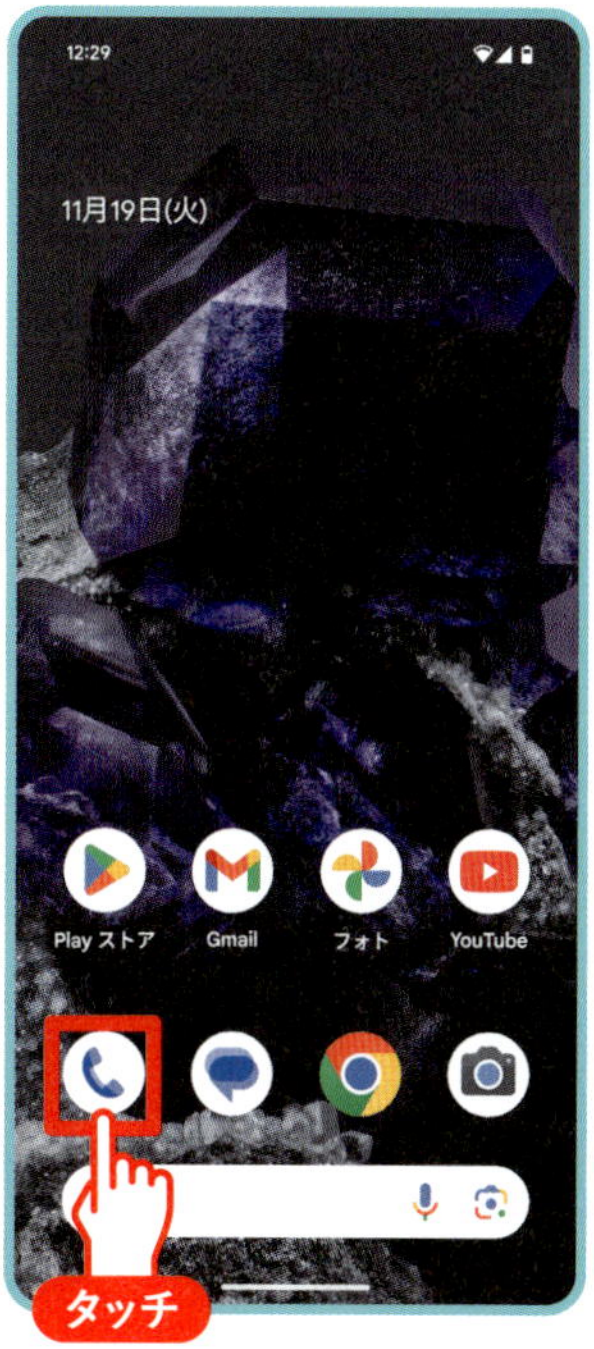

玉井

画面右下にある「連絡先」をタッチしてから、「新しい連絡先を作成」をタッチしましょう。

ポイント

自分のスマホの画面と、上記の表示が違っていても大丈夫です。似た項目を探してタッチしてみましょう。機種によって表示が異なるのがアンドロイドの特徴です。

玉井

次に「連絡先の作成」という画面が開いたら、ここに相手の情報を入れていきます。まずは名字を入力するので「姓」をタッチしてください。

みどり

文字盤が出てきました。

玉井

その文字盤で、相手の姓名と電話番号を登録しますよ。姓名を入力したら、画面の余白を下から上に向かって指でなぞると「電話番号」の欄が出てきます。

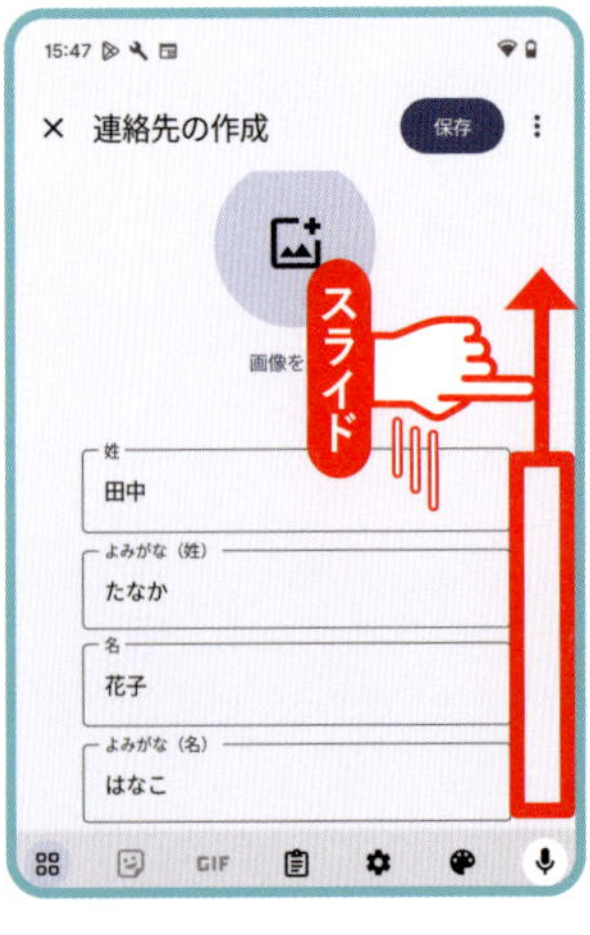

玉井

電話番号の欄がでてきたらそこをタッチしてください。文字盤が自動的に数字に変わります。電話番号は市外局番から登録してくださいね。数字の打ち方は9級でも練習しましたね。

みどり

あ、本当だ。これで電話番号が入力できますね。

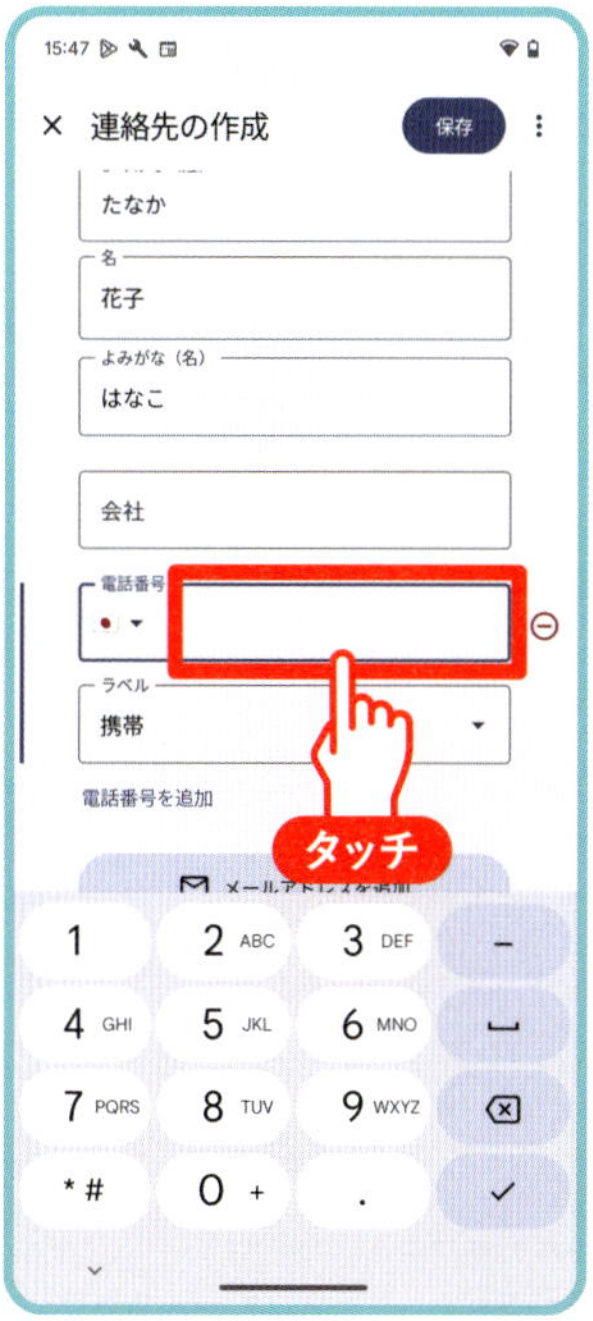

玉井

電話番号の入力が終わったら、画面の右上にある「保存」をタッチしましょう。これで連絡先の登録は完了です。

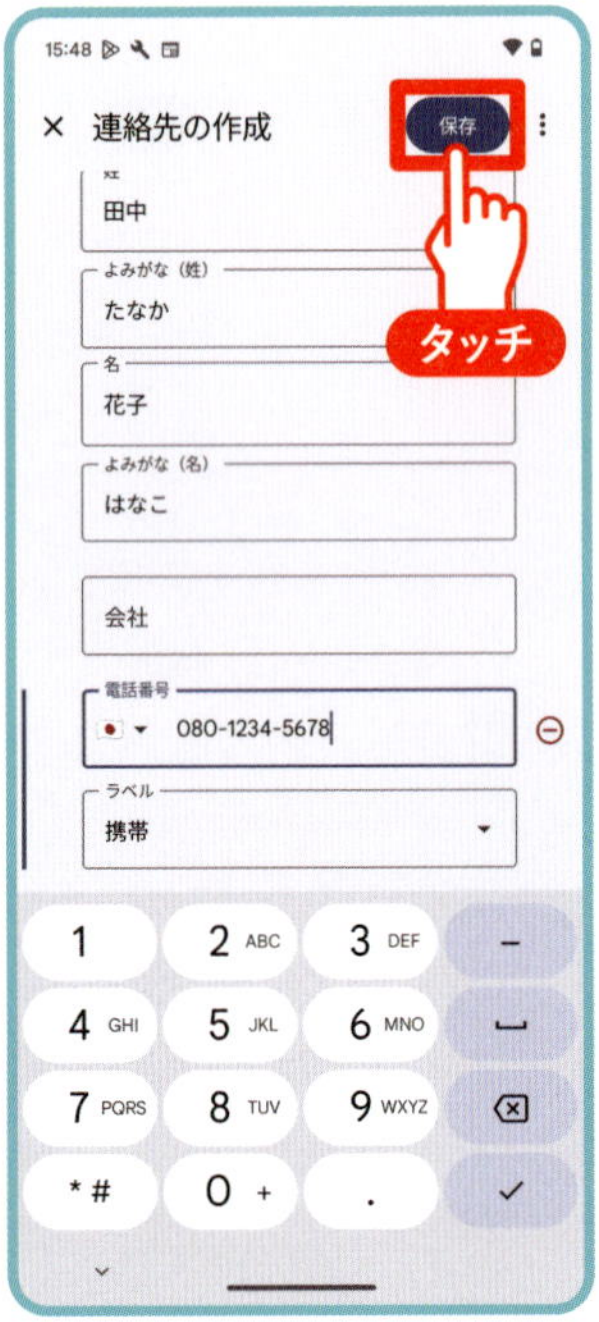

玉井

このあと、電話とLINE電話、それぞれのかけ方を紹介します。電話の操作はアイフォンとアンドロイドで違うので、分けて説明しますね。まず連絡先を登録してから、電話をかけます。アイフォンで連絡先を登録するやり方も含めて順番に説明していきますね。

連絡したい人を検索し、電話をかける（アンドロイド）

連絡先に登録した人数が増えてくると、連絡したい相手を探す時に時間がかかります。ここでは、連絡したい相手を簡単に見つけ、電話をかける方法を知りましょう。

1 画面上の「連絡先を検索」をタッチ

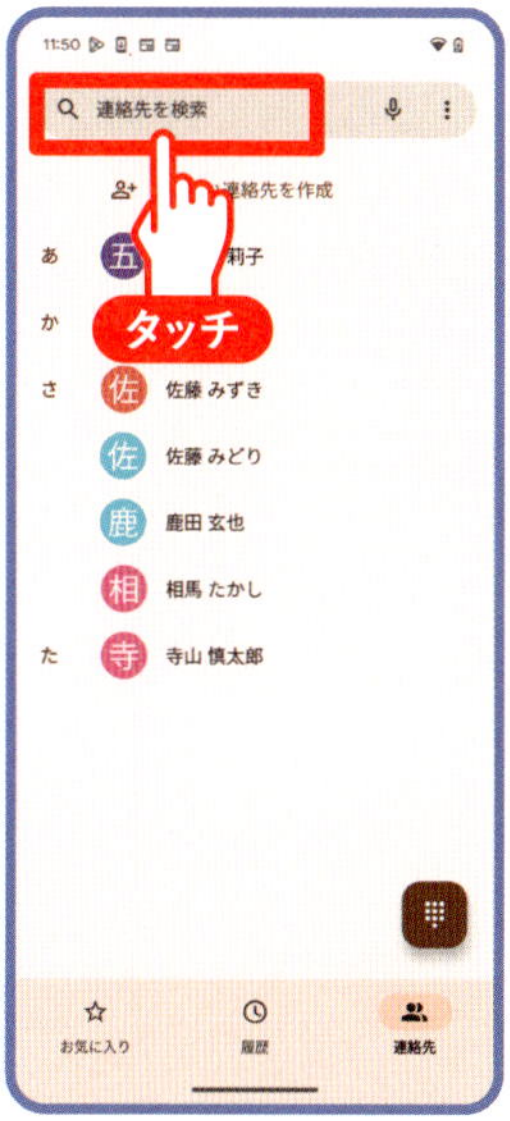

2 連絡したい人の名前を入力する

3 名前が表示されたら、丸いマークをタッチ

4 登録した情報が表示された

5 「通話」をタッチ

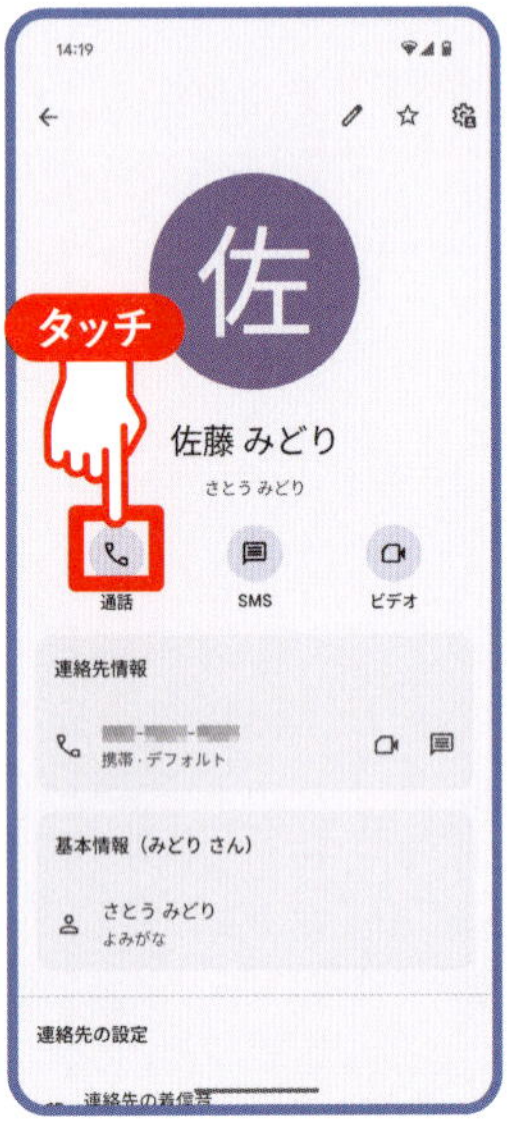

6 電話をかけると「発信中」になる

7 相手が電話に出ると、通話時間が表示される

ポイント

話し中と表示されたら

画面に「話し中」と表示されることがあります。これは、相手が別の電話に出ているため、電話に出られないということ。いったん電話を切って、しばらくしてからかけ直しましょう。

アイフォン　アンドロイド

電話を切る（アンドロイド）

通話が終わったら、電話を切りましょう。赤い受話器マークをタッチすると、通話が終了します。

1 赤い受話器マークをタッチ

2 通話が終わった

3 もとの「連絡先」画面になる

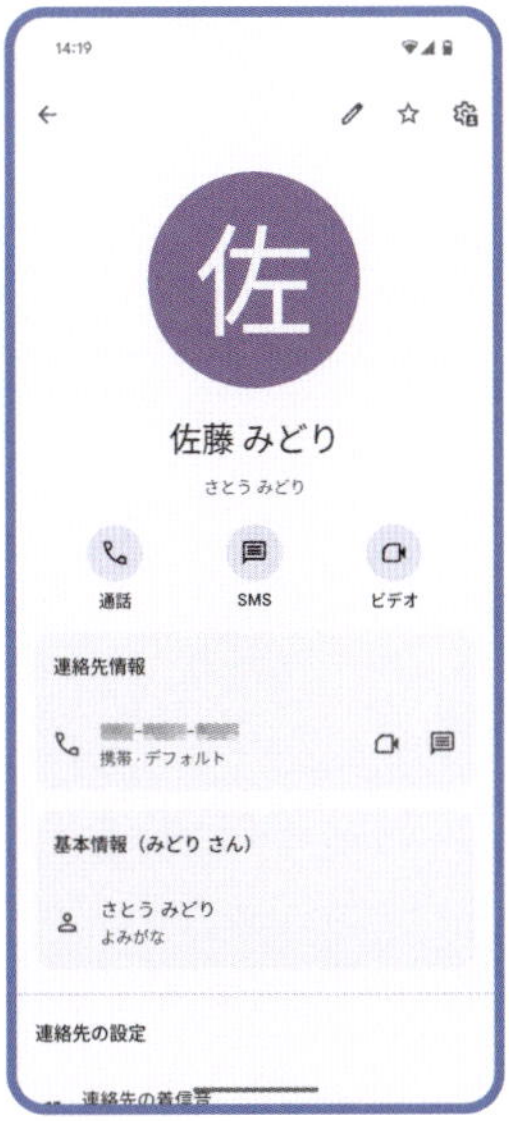

スピーカーを活用しよう

通話相手の声が聞きとりにくい場合は、スマホの「スピーカー」（または「オーディオ」）ボタンを押しましょう。通話相手の音声が大きくなります。

アイフォン

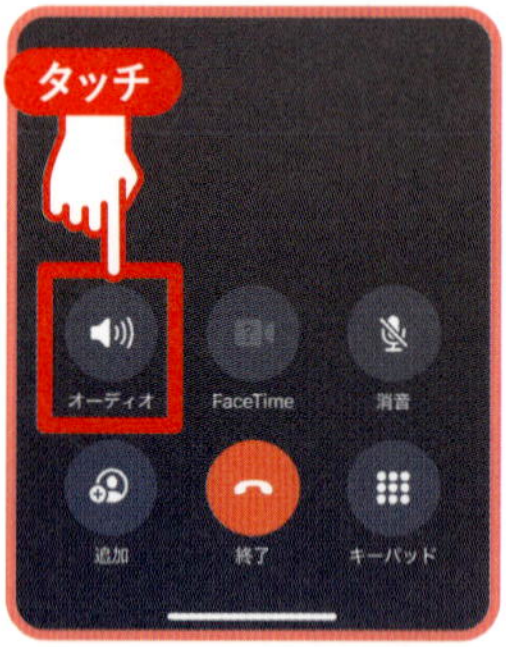

アンドロイド

ポイント

スピーカーの使い方

スピーカーは、次のような場面で便利です。

・手がふさがっているとき
→ 料理中や掃除中など、スマホを手で持たなくても通話できます。

・電話の音が聞き取りにくいとき
→ スピーカーを使うと音が大きくなるので、聞き取りやすくなります。

・家族や友人と一緒に話したいとき
→ 周りにいる人にも会話の内容を聞かせられるので、家族と一緒に話すときに便利です。

ただし、スピーカーは電話の音が外に出るので、周りの人にも会話が聞こえることに注意しましょう。静かな場所や人が多いところでは使わないようにしましょう。

連絡先を登録する（アイフォン）

次に、アイフォンの電話のかけ方を学びます。まず、自宅の固定電話や家族、友人の番号を登録してみましょう。

1 電話のマークをタッチ

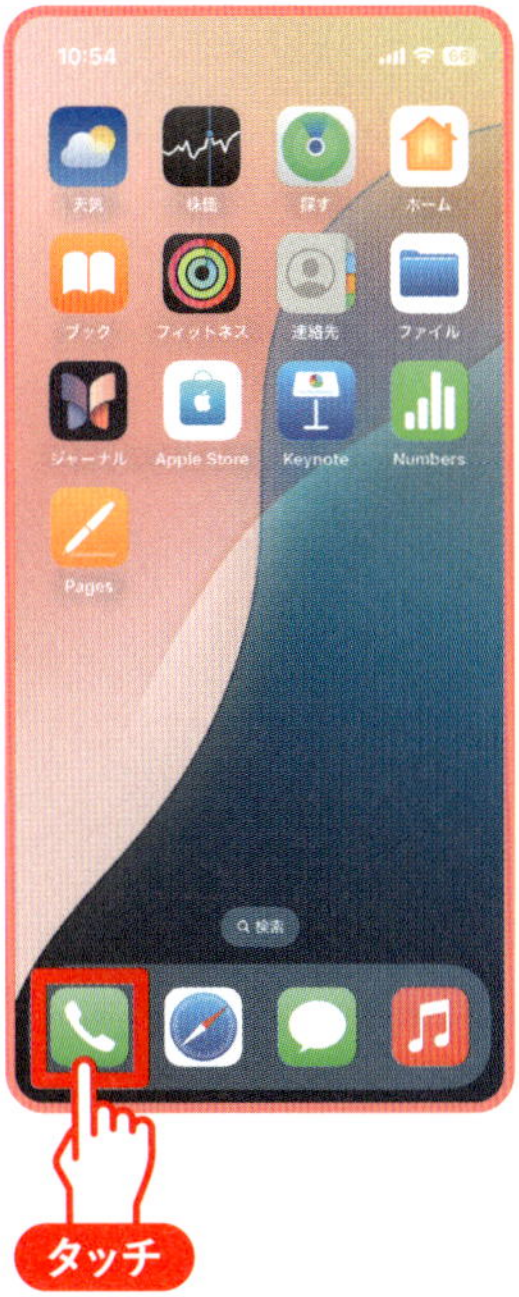

2 「連絡先」をタッチ

3 画面上の「＋」ボタンをタッチ

4 登録したい人の姓名を入力する

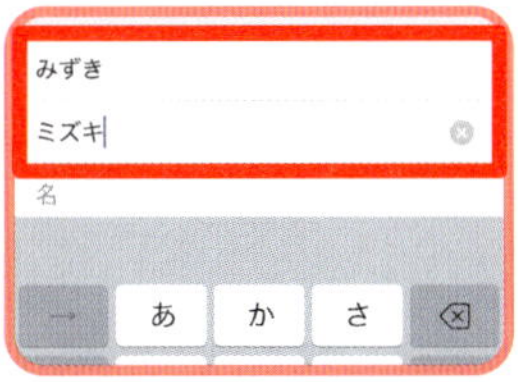

5 画面を上になぞる

6 「＋電話を追加」をタッチ

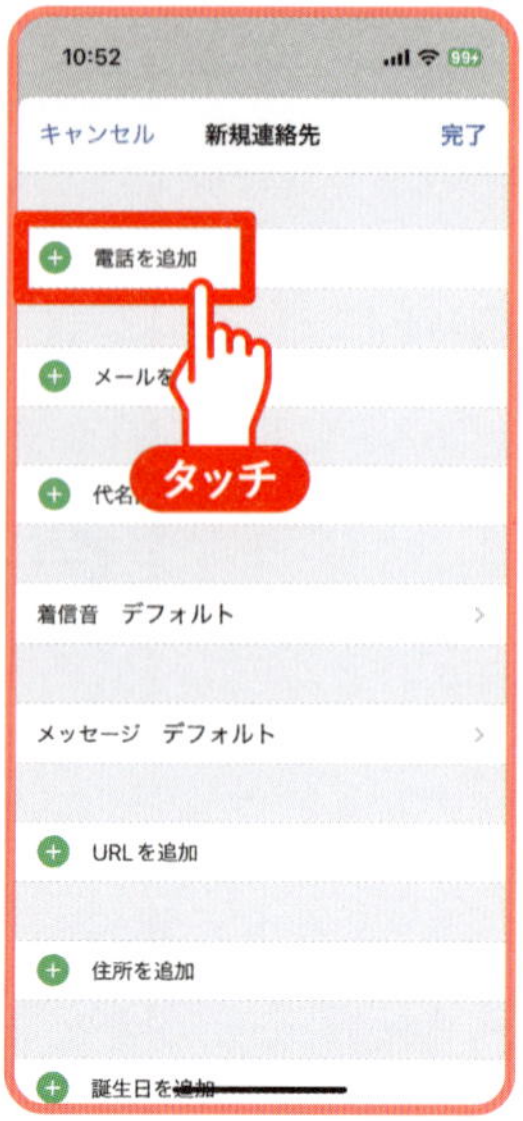

7 「電話」をタッチ

8 市外局番から電話番号を入力

9 「完了」をタッチ

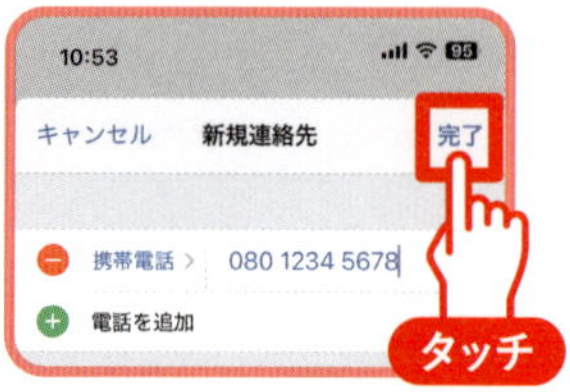

10 連絡先が登録された

連絡したい人を検索し、電話をかける（アイフォン）

連絡先に登録した人が増えてくると、連絡したい相手を探す時間がかかります。ここでは、連絡したい相手を簡単に見つけ、電話をかける方法を知りましょう。

1 「検索」をタッチ

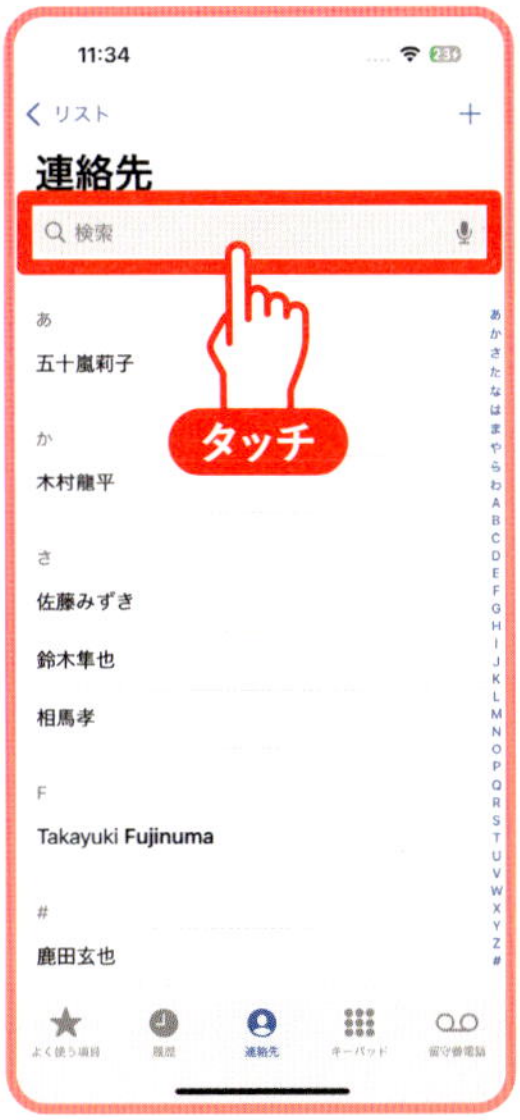

2 連絡したい人の名前を入力して、名前をタッチ

3 登録した情報が表示された

4 受話器のマークをタッチ

5 電話がかかると「携帯電話に発信中」になる

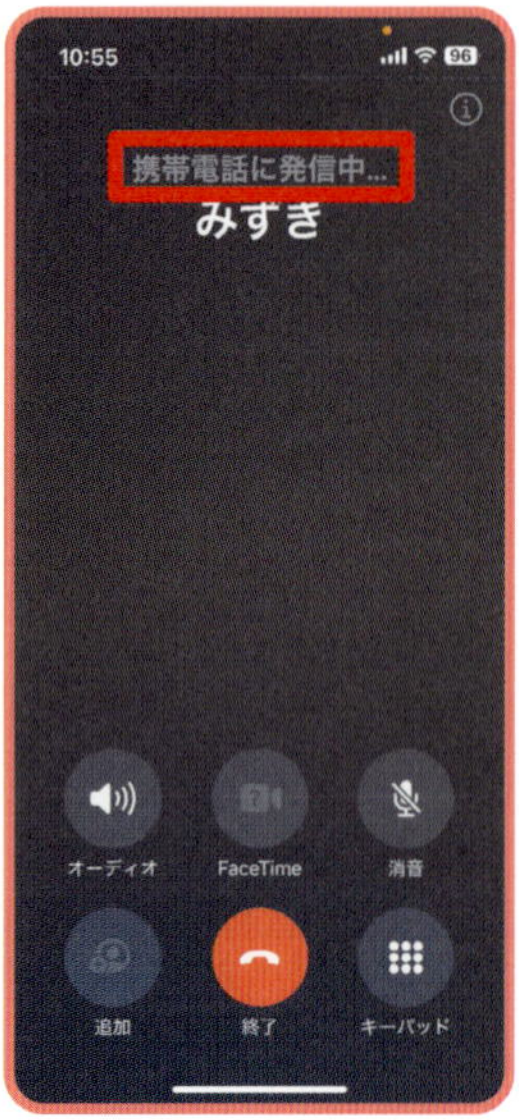

6 電話がつながると通話時間が表示される

ポイント

話し中と表示されたら

画面に「通話中または通信中」と表示されることがあります。これは、相手が別の電話に出ているため、電話に出られないということ。いったん電話を切って、しばらくしてからかけ直しましょう。

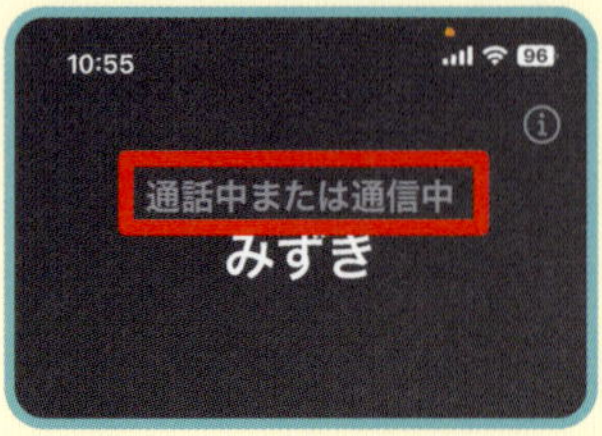

電話を切る（アイフォン）

通話が終わったら、電話を切りましょう。赤い受話器マークをタッチすると、通話が終了します。

1 受話器のマークをタッチ

2 通話が終わった

3 もとの「連絡先」画面になる

アイフォン　アンドロイド

LINE電話をかける

LINEでつながっている相手に連絡したいときは、通話料が無料のLINE電話を使いましょう。LINEを開けて、トークの画面を開きます。

1 「トーク」画面（30ページ参照）で電話をかける相手をタッチ

2 画面の上にある受話器マークをタッチ

3 「音声通話」をタッチ

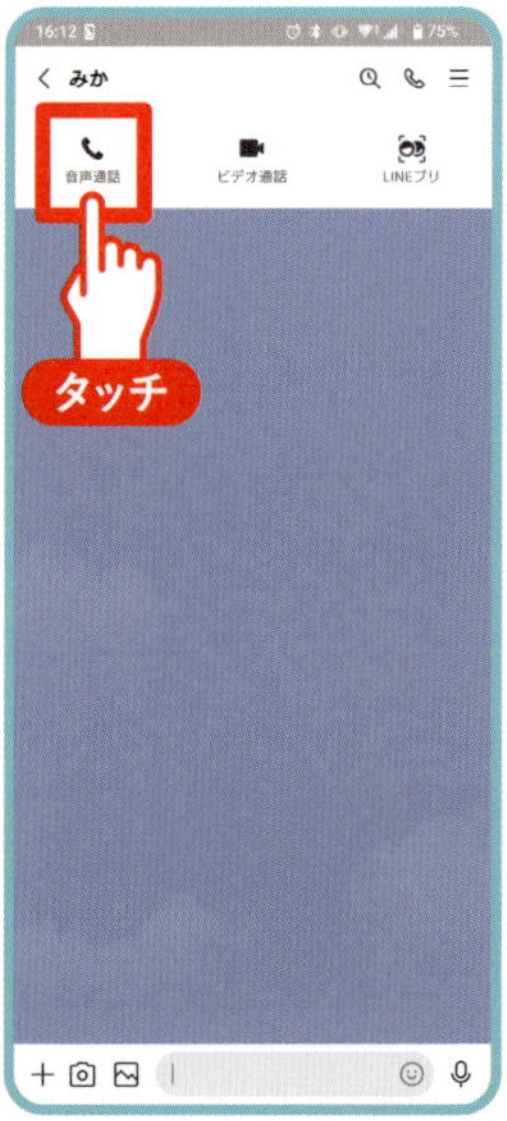

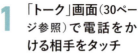

4 通話がはじまった。通話を切るときは×マークをタッチ

これで4級合格。
おめでとうございます!

memo.

合格した日

月　　　日

玉井

これで、電話をかけることができるようになりましたね。ここまで読んだ方は私に「4級できた」とLINEを送ってみましょう。私からのお返事が返ってきます。
次の3級では、スマホで動画や地図をみたり、LINEを使っていない人にメッセージを送ったりする方法を練習します。

コラム

多くの人が使っているスマホがおすすめ

「シニア向け」をうたう「らくらくホン」や「あんしんスマホ」は、大きな文字や簡単な機能だけを集めた画面なので、一見するとわかりやすそうに見えます。しかし、実際に使ってみると意外な困りごとが出てきます。

例えば、友だちに「この操作はどうやるの?」と聞いても一般的なスマホとは画面が違うため、周りの人が使い方を知らず、教えてもらえないことが多いのです。

本書で紹介するアンドロイドのスマホやアイフォンは、使っている人が多いため、わからないことがあったらすぐに尋ねられます。なるべく多くの人が使っているスマホを使って練習しましょう。

3級

スマホにも慣れたのでほかのアプリも使ってみたい!

YouTube《ユーチューブ》・マップ・SMS《ショートメッセージ》

LINEで「3級はじめます」と
玉井先生にメッセージを送ってみましょう。
玉井先生からのお返事が届きます。

練習をはじめた日　　月　　日

YouTubeで動画をみてみよう

玉井

LINEと電話の使い方はだいぶ慣れてきましたね。今日は別のアプリも使ってみましょう。まずはYouTube（ユーチューブ）アプリで動画を見てみましょう。

みどり

よく聞くので興味はありますが、初めて使うのでちょっと不安です。

玉井

大丈夫ですよ。まずはホーム画面から、赤い再生ボタンの「YouTube」のマークを探してみましょう。アプリがない場合、2級を参考にYouTubeをスマホに入れましょう。

みどり

あ、ありました！　これですね。マークをタッチしてみます。

玉井

画面の右上に虫眼鏡のマークがありますね。そこをタッチして検索を始めます。

みどり

はい、ありました。ここをタッチすればいいんですね。

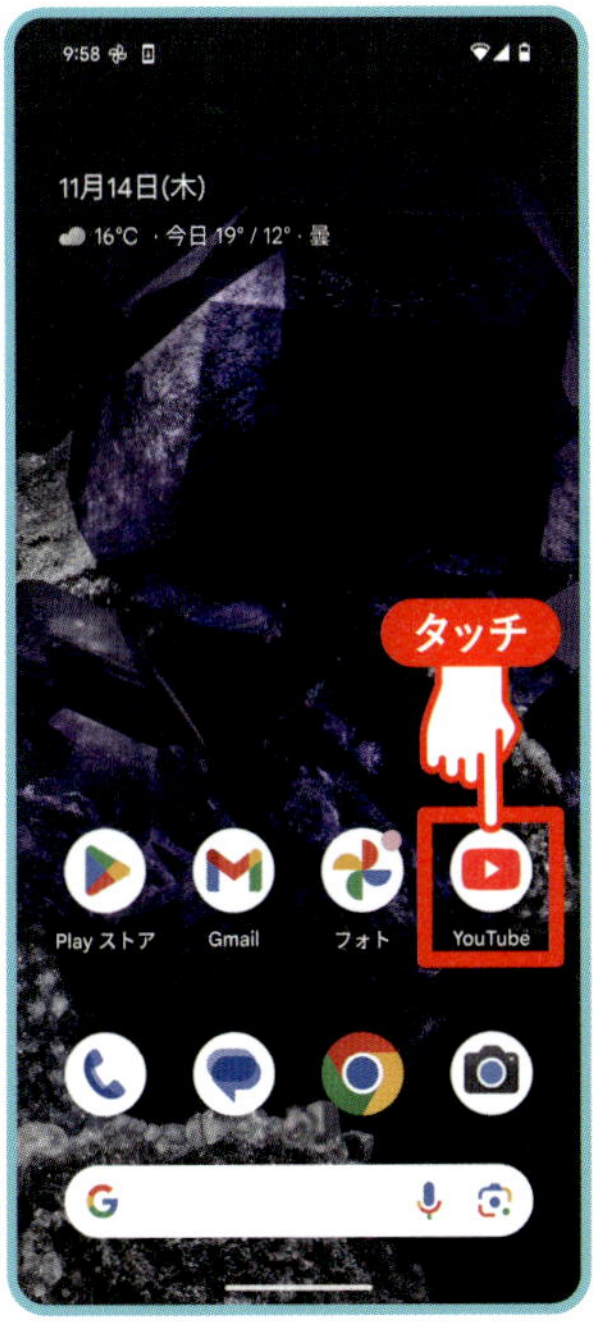

みどり

文字を入力する画面が開きました。ここにキーワードを入力するんですね。料理の作り方の動画を見てみたいです。

3級

スマホにも慣れたのでほかのアプリも使ってみたい！

玉井

文字盤で料理名を入力してから、右下にある虫眼鏡のマークをタッチして検索しましょう。

みどり

ハンバーグと入れて検索して……わ、たくさん出てきました。

玉井

見たい動画をタッチしてみてください。動画が再生されます。

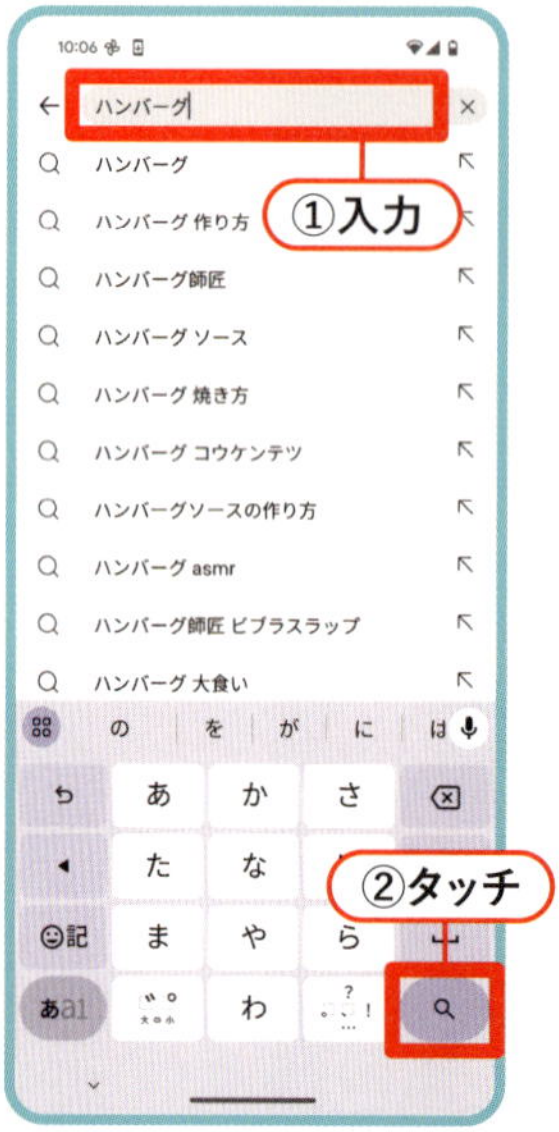

みどり

あ、始まった！　止めたいときはどうすればいいですか？

玉井

動画をタッチしましょう。すると真ん中に操作ボタン（2本の縦長の棒）が表示されます。そのボタンをタッチすると動画が一時停止します。

玉井

スマホにはこうした便利なアプリがたくさんあります。次のページからは、目的地までの道順がわかる「マップ」と、電話番号だけでメールが送れる「ショートメッセージ」のアプリを紹介します。

アイフォン　アンドロイド

Googleマップを探して開く

Googleマップはデジタル版の地図です。とても便利なので慣れるまで何度も使ってみてください。まずは、Googleマップを開きましょう。

1 ホーム画面の中央あたりに指を置き、そのまま上に引き上げる

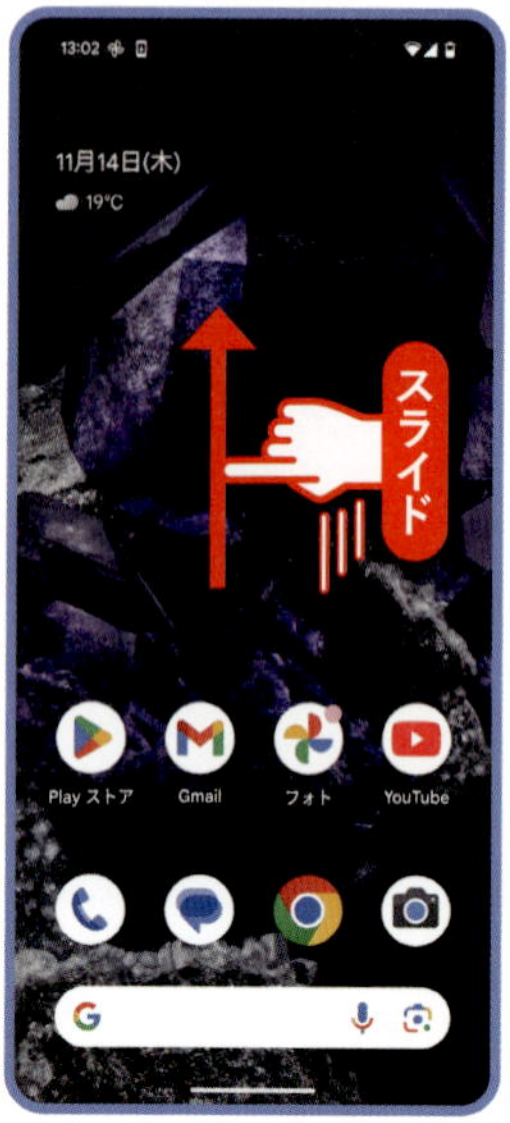

2 「マップ」マークをタッチ

3 Googleマップが開いた

ポイント

アイフォンの方は、2級を参考にGoogleマップを入手してください。アンドロイドの多くの機種では「Google」という1つの箱にGoogleマップやYouTubeなどが入っています。

Googleマップで自分の位置を確認する

Googleマップで、自分が今いる現在地を調べてみましょう。

1 右下の（アイフォンでは）マークをタッチ

2 初回のみ、この画面が表示される。「アプリの使用時のみ」をタッチ

3 現在地が青い丸で表示されている。詳しくみたいときは、親指と人差し指を画面に置き、広げるような操作で画面を広げる

4 現在地の近くの様子が詳しくわかる地図になった

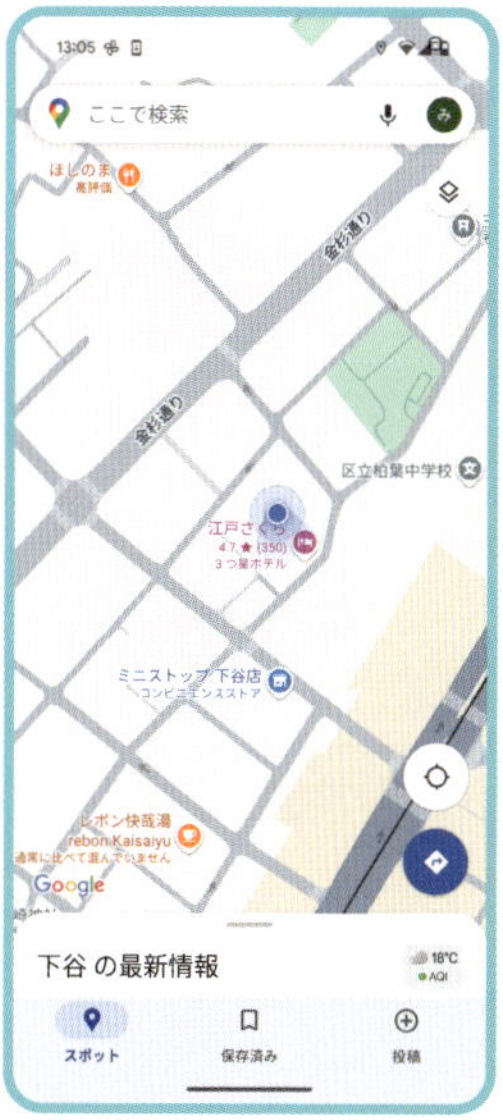

Googleマップで行きたい場所を探す

次に、Googleマップで行きたい場所を探してみましょう。具体的な場所の名前でも探せますし、「レストラン」「スーパー」などの一般名称でも探せます。

1 画面上の「ここで検索」をタッチ

2 探したい場所の名前を入力して虫眼鏡マークをタッチ

3 結果が表示されたら、気になるお店をタッチ

4 お店の様子や営業時間、住所などが確認できる

アイフォン　アンドロイド

指定した場所への行き方を調べる

次に、行きたい場所に行く道順を調べましょう。ここでは、徒歩で行ける近くの場所に向かう道順を調べます。

1 前のページの4の画面にある「経路」をタッチ

2 徒歩で行くときは、人が歩いているマークをタッチし「ナビ開始」をタッチ

3 青い点線に従って歩く。交差点などで方向がわからなくなったら、地図を拡大して青い点線からそれていないかどうか確認する

4 方向を変えると、青い丸の外にある青い放射線状のマークの向きも変わる。道順と方向があっていることを確認しながら歩こう

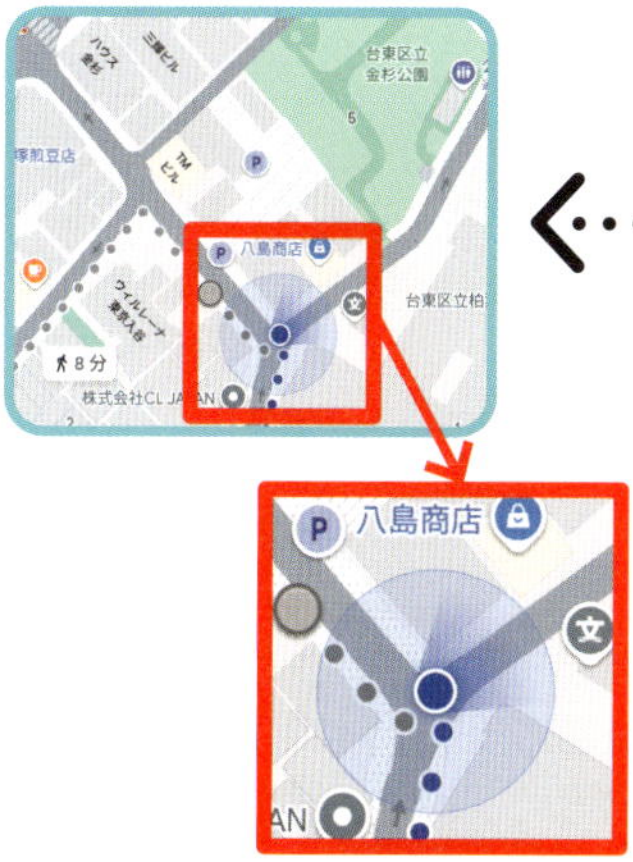

交通機関を使って指定した場所への行き方を調べる

遠くの場所に行くには、交通機関を使わなければいけません。タクシーや電車、バスなど、交通手段を指定して行き方を調べましょう。

1 行きたい場所の名前を入力して検索する

2 その場所が見つかったら、「経路」をタッチ

3 電車のマークをタッチし、その下に表示された候補の中から好きな経路を選んでタッチ

4 乗降の駅名や路線など、詳しい情報が表示された

アイフォン　アンドロイド

到着時間にあわせて移動する方法を調べる

到着時間があらかじめ決まっているときは、その時間に目的地に着くように、出発時間を調べておきましょう。

1 目的地を検索し、「経路」をタッチ

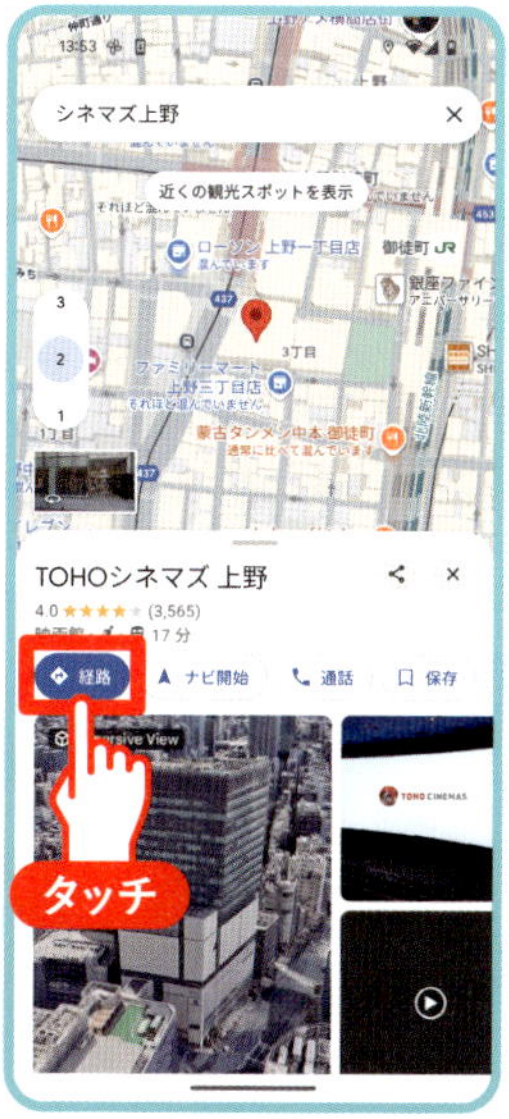

2 電車のマークをタッチし、その下の「○○に出発」をタッチ

3 「到着」をタッチし、着きたい時間を指定して「設定」をタッチ

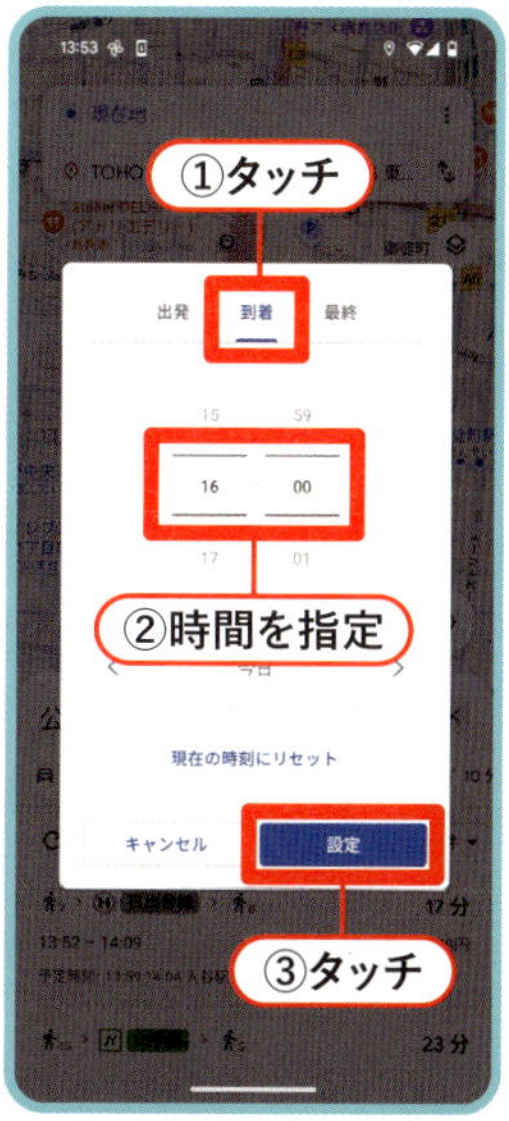

4 指定した時間に着ける電車の情報などが表示された

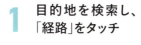

メッセージを送る（アンドロイド）

「ショートメッセージ（ＳＭＳ）」は、電話番号さえわかれば、ＬＩＮＥを使っていない人にもメッセージが送れる便利な機能です。

1 青い吹き出しマークをタッチ

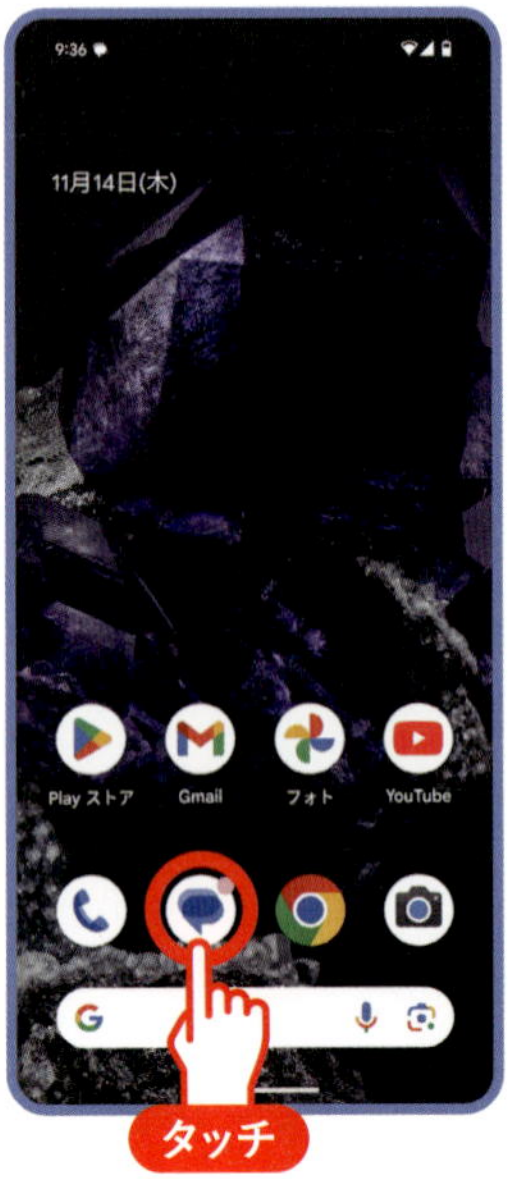

2 「チャットを開始」をタッチ

3 電話番号か名前を入力し、該当者をタッチ

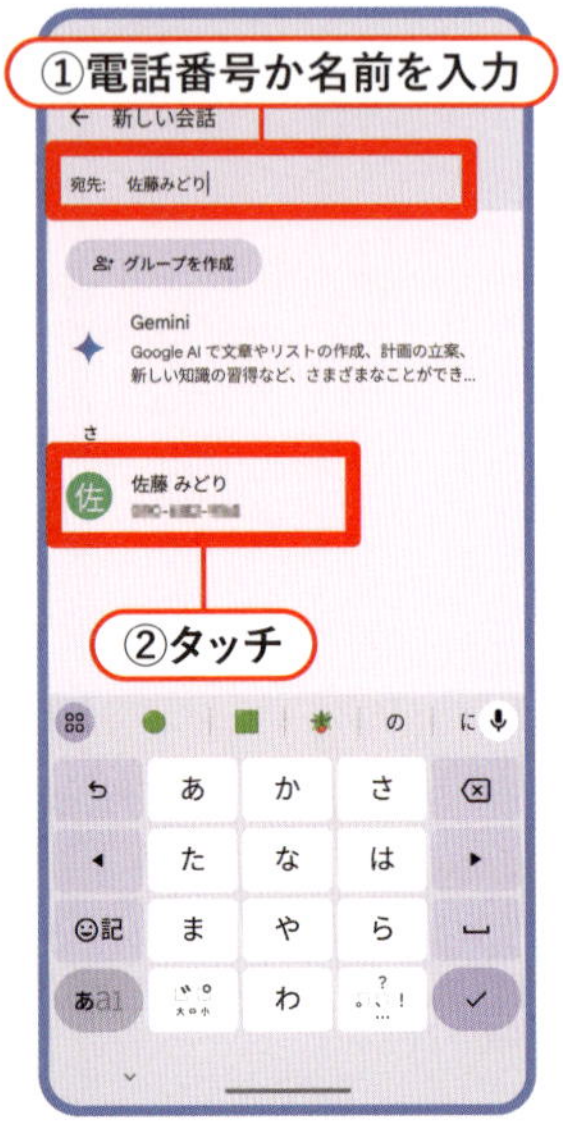

4 メッセージを入力し、紙飛行機マークをタッチして送る

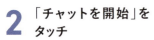

メッセージを送る（アイフォン）

アイフォンでもショートメッセージ（ＳＭＳ）が使えます。操作方法はアンドロイドスマホとほとんど同じです。

1 緑の吹き出しマークをタッチ

2 右上のペンのマークをタッチ

3 電話番号か名前を入力し、該当者をタッチ

4 メッセージを入力し、矢印マークをタッチして送る

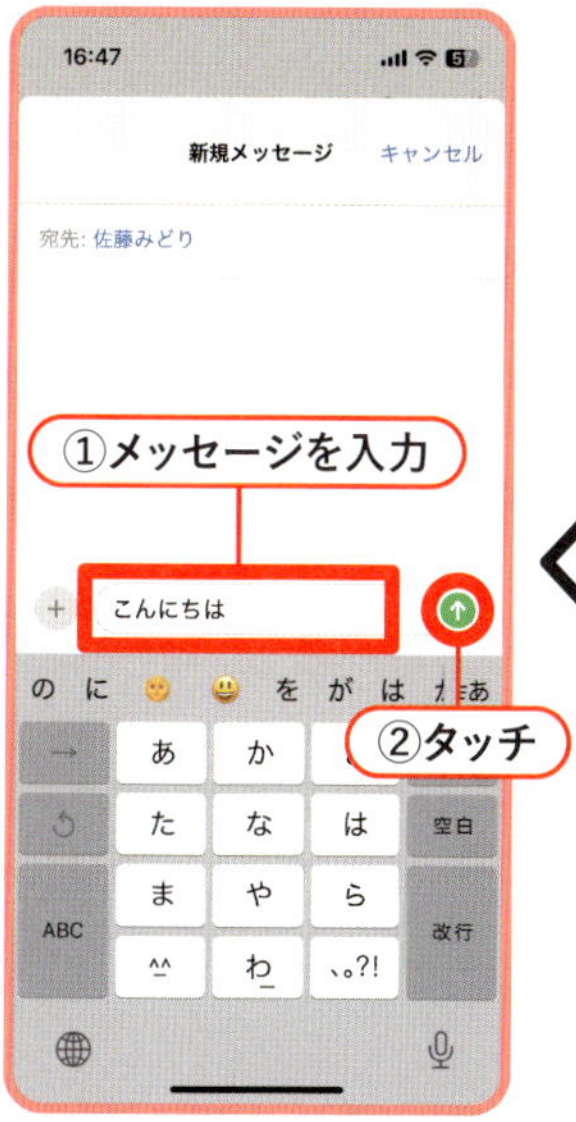

これで3級合格。
おめでとうございます！

memo.

合格した日

月　　　日

玉井

YouTubeやマップ、メッセージについては以上になります。最低限の内容だけを今回はお伝えしています。それぞれのアプリをじっくり使ってみて自分なりの楽しみ方を見つけてくださいね。

ここまで読んだ方は私に「3級できた」とLINEを送ってみましょう。私からの返事が返ってきます。次の2級では、新しいアプリを手に入れる方法を練習します。

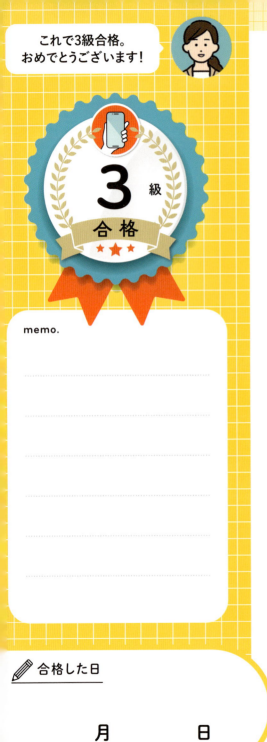

2級

アプリを入れても大丈夫?

アプリストア

LINEで「2級はじめます」と
玉井先生にメッセージを送ってみましょう。
玉井先生からのお返事が届きます。

練習をはじめた日　　月　　日

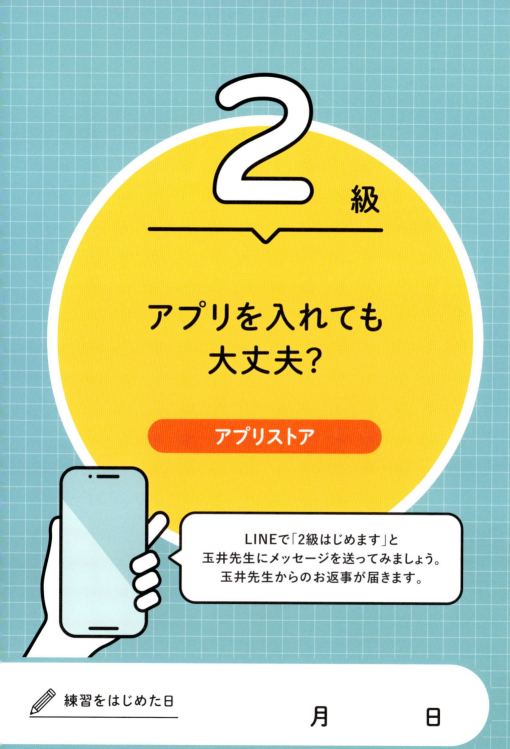

スマホにアプリを入れる（アンドロイド）

玉井
今回は、新しいアプリをスマホに入れる練習をしましょう。

みどり
アプリって、どうやって入れるんですか？

玉井
まずスマホの中にあるアプリ市場《いちば》にお目当てのアプリを探しに行くんです。アプリ市場の名前は、アンドロイドではPlay《プレイ》ストア、アイフォンではAppStore《アップストア》です。

みどり
私のスマホはアンドロイドなので、Play《プレイ》ストアを使えばいいんですね。

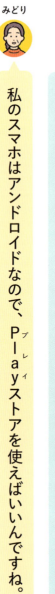

玉井

その通りです。アイフォンの方は168ページからお読みください。では、1級で使うZoom《ズーム》を入手しましょう。まずホーム画面から「Play《プレイ》ストア」を探しましょう。カラフルな右向き三角のマークです。

みどり

はい、見つけました！　タッチして開きますね。……あ、下に「検索」があります。ここをタッチしてアプリを探すんですか？

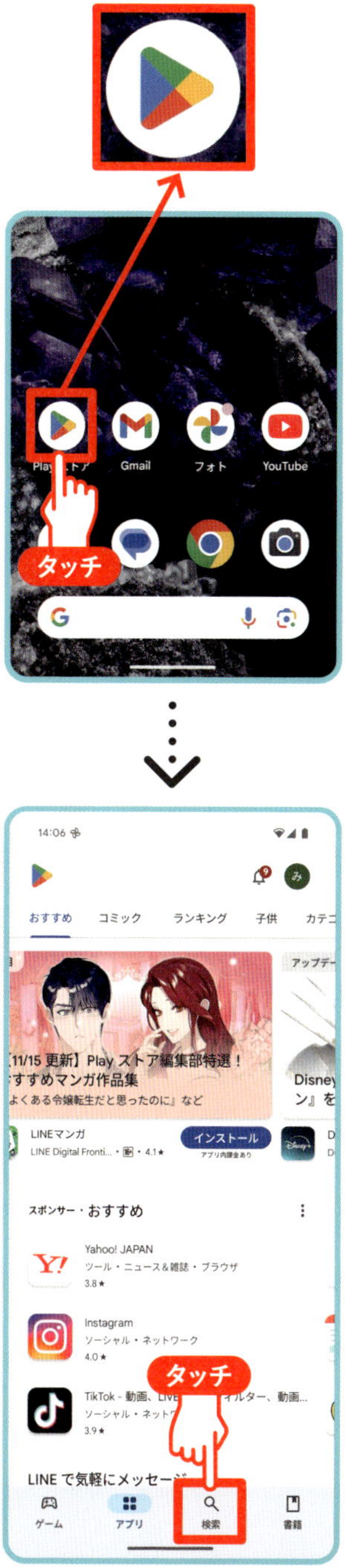

玉井

その通りです。みどりさん、スマホの使い方に慣れてきましたね。

玉井

画面上部の「アプリとゲームを検索」をタッチすると文字盤が出てきますので「ずーむ」と入力し、右下にある虫眼鏡のマークをタッチしましょう。

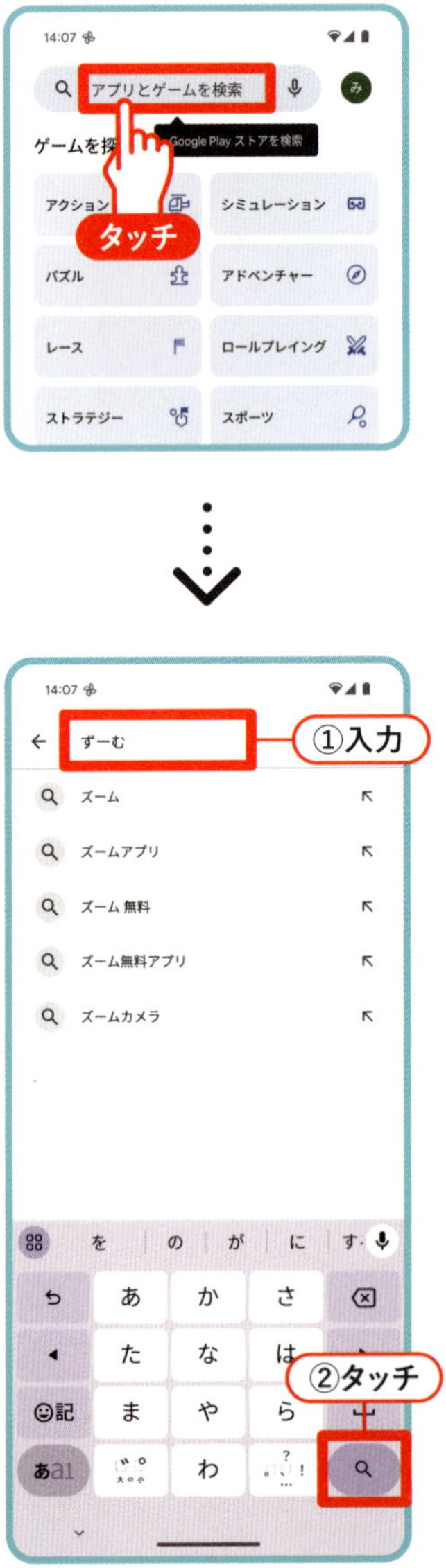

みどり

はい、入力しました。たくさんアプリが出てきましたが、どれを選べばいいんでしょう？

玉井

「ZOOM Workplace」という名前のアプリを探してください。アイコンは青色で、中に「zoom」と書かれているマークです。

みどり

あ、ありました！

玉井

そのアプリの右側に「インストール」というボタンがありますので、タッチしてください。

2級
アプリを入れても大丈夫？

みどり

はい、タッチしたら「インストール」が「キャンセル」に変わりました。

玉井

そうです。今、アプリを入手しているところです。少し待ちましょう。

みどり

「キャンセル」が「開く」に変わりました！

玉井

おめでとうございます！　これでＺｏｏｍがスマホに入りました。

ポイント

新しいアプリを利用するとき、アプリが許可を求めるメッセージが表示されることがあります。

たとえばＺｏｏｍは、顔を見ながらお話しするためのアプリです。お友達やご家族と話すために、カメラやマイクが必要なのです。アプリはあなたの許可がないと、カメラやマイクを使うことができません。

「アプリの使用時のみ」を選べば、アプリがカメラやマイクを使えるようになります。たとえばＺｏｏｍなら画面上部に青や緑の点が表示され、カメラやマイクが使われていることがわかります。

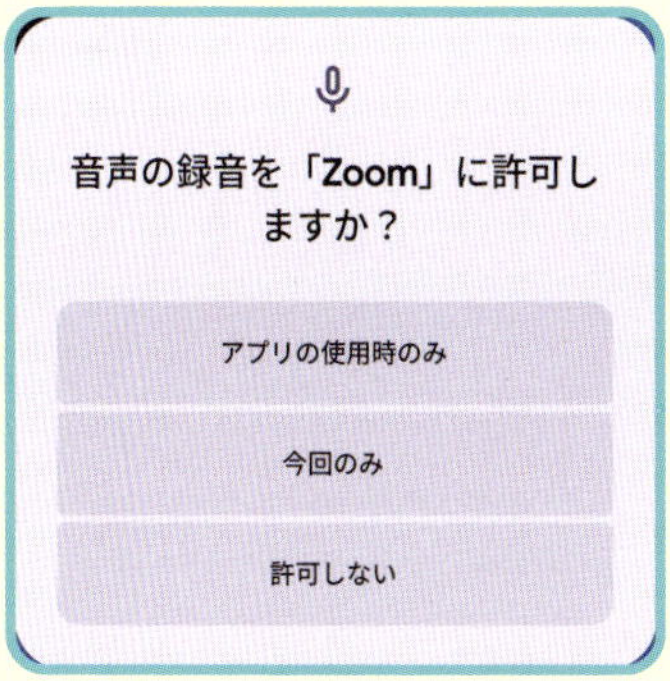

スマホにアプリを入れる（アイフォン）

アイフォンにアプリを入れる場合、「App Store（アップストア）」を使います。ここでは「アップストア」から「Zoom」をインストールする方法を説明します。

1 ホーム画面の「App store」をタッチ

2 右下の「検索」をタッチ

3 虫眼鏡マークのある検索窓をタッチ

4 「ずーむ」と入力し「検索」をタッチ

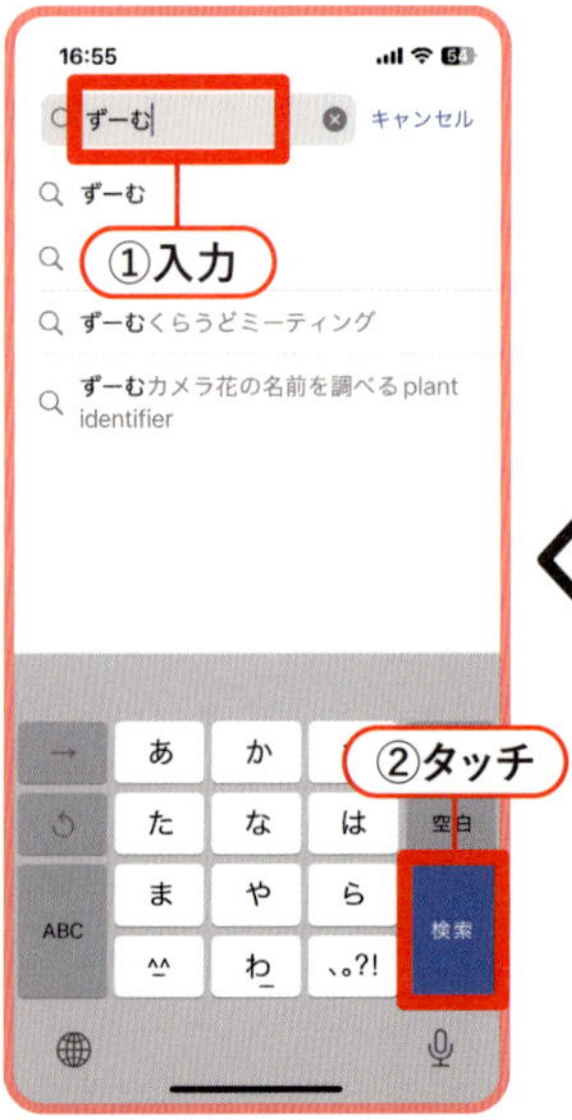

5 「Zoom Workplace」を見つけたら「入手」をタッチ

6 「インストール」をタッチするとインストールが始まる

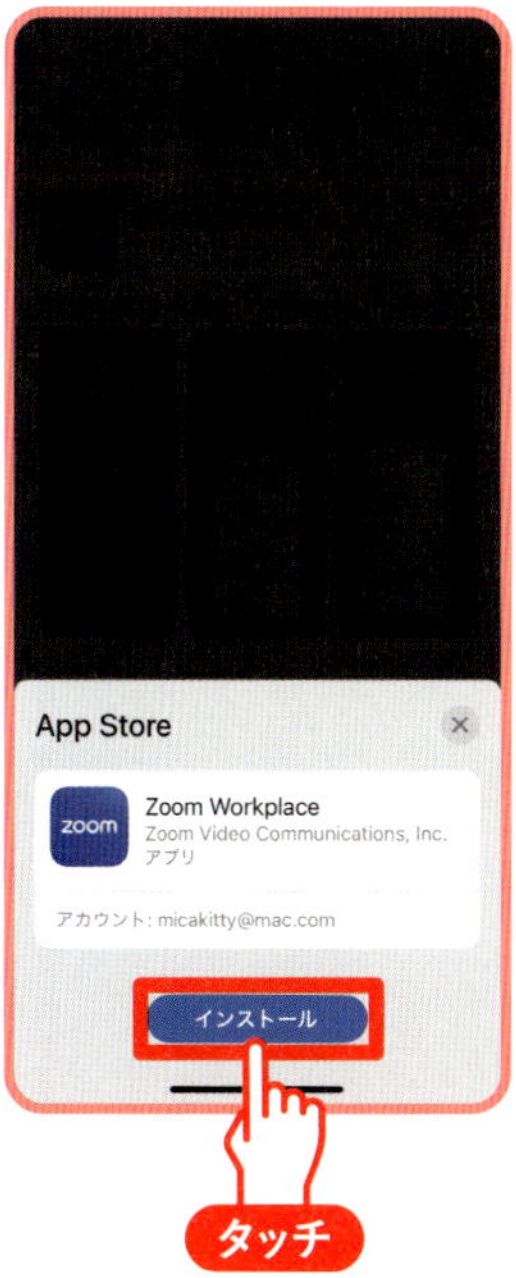

7 インストールが完了すると「開く」が表示される

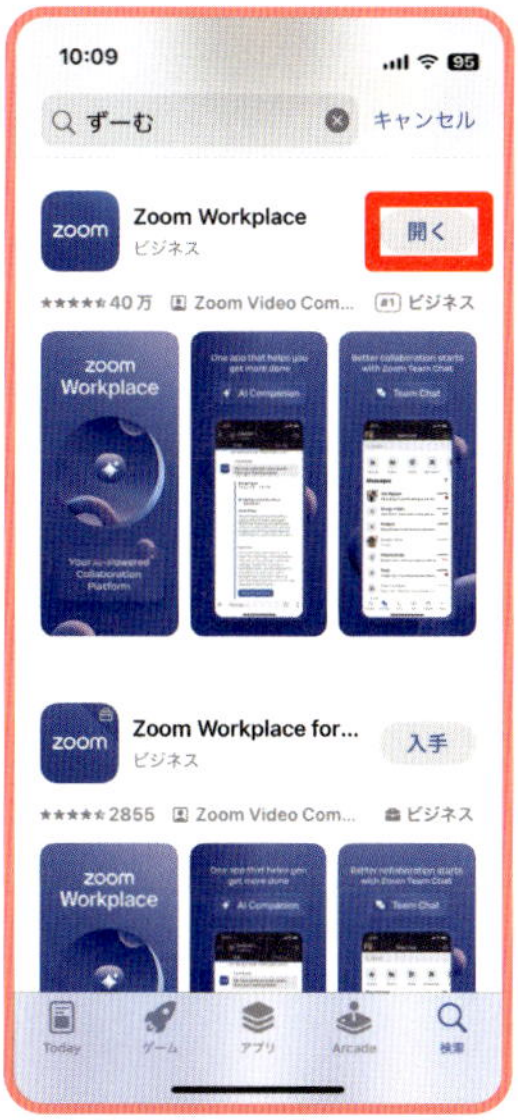

ポイント

他のアプリも入手できる

手順4で入力する検索内容を変えれば、他のアプリも入手できます。たとえば「らいん」と入力して「検索」をタッチすればLINEのアプリが見つかります。

これで2級合格。
おめでとうございます！

memo.

合格した日

月　　　　日

玉井

これで、アプリを入手できるようになりましたね。アプリを検索したとき、検索結果に関係のないアプリが広告として表示されることがあるので気をつけましょう。ここまで読んだ方は私に「2級できた」とLINEを送ってください。私からのお返事が返ってきます。次の1級では、2級で入手したzoomを使って実際に玉井先生に会える学級会に参加する方法をご紹介します。

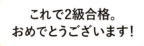

1級

学級会で先生と交流しよう

顔を見て話せるZOOM

LINEで「1級はじめます」と
玉井先生にメッセージを送ってみましょう。
玉井先生からのお返事が届きます。

練習をはじめた日　　月　　日

Zoomを使ってオンライン学級会に参加しよう

玉井
みどりさん、いよいよ1級です。ここまでよく頑張ってきましたね。最後の課題は、スマホを使ってオンライン学級会に参加することです。

みどり
オンライン学級会って、テレビ電話みたいなものですか?

玉井
そうですね。2級でスマホに入れたZoom（ズーム）を使うと、たくさんの人の顔を見ながらお話ができるんです。では、準備から始めましょう。まずは、玉井先生のLINEを開き（10級参照）、「Zoomに参加したい」というメッセージを送ってください。

みどり
はい。メッセージを書いて、送信ボタンを押せばいいんですね。

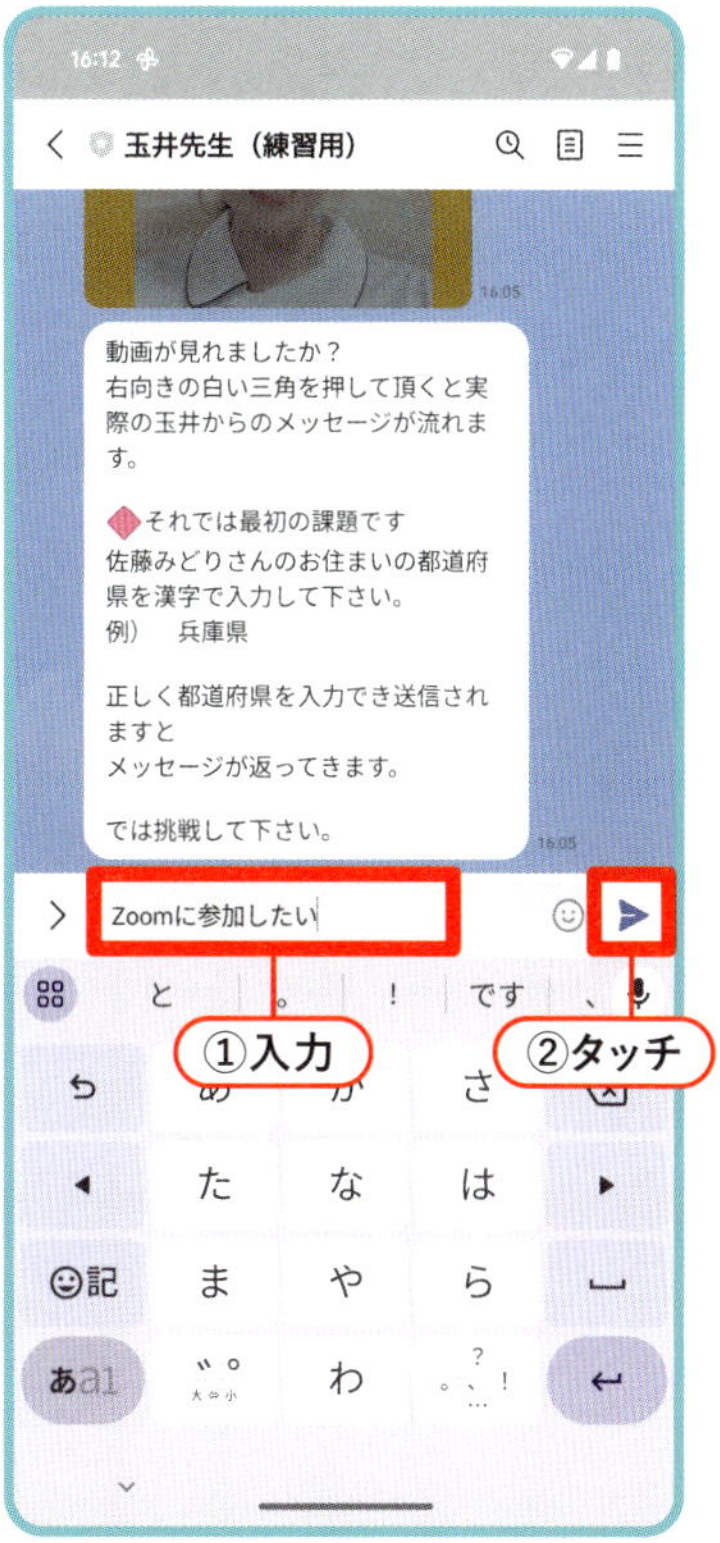
16:12
玉井先生（練習用）
動画が見れましたか？
右向きの白い三角を押して頂くと実際の玉井からのメッセージが流れます。
それでは最初の課題です
佐藤みどりさんのお住まいの都道府県を漢字で入力して下さい。
例） 兵庫県
正しく都道府県を入力でき送信されますと
メッセージが返ってきます。
では挑戦して下さい。
Zoomに参加したい
①入力
②タッチ

玉井

はい。LINEを送ると、私からZoomを使うときの約束事（利用規約）が届きます。内容をしっかり読んでくださいね。

みどり

なるほど。ほかの参加者の方を尊重し、配慮することが大事なんですね。

玉井

そうです。オンライン学級会を安全に楽しく行うための大切な約束なんです。この規約に同意いただけた方のみ、ご参加いただけます。ほかにもいろいろ書かれていますので、画面を上にスライドして読んでください。

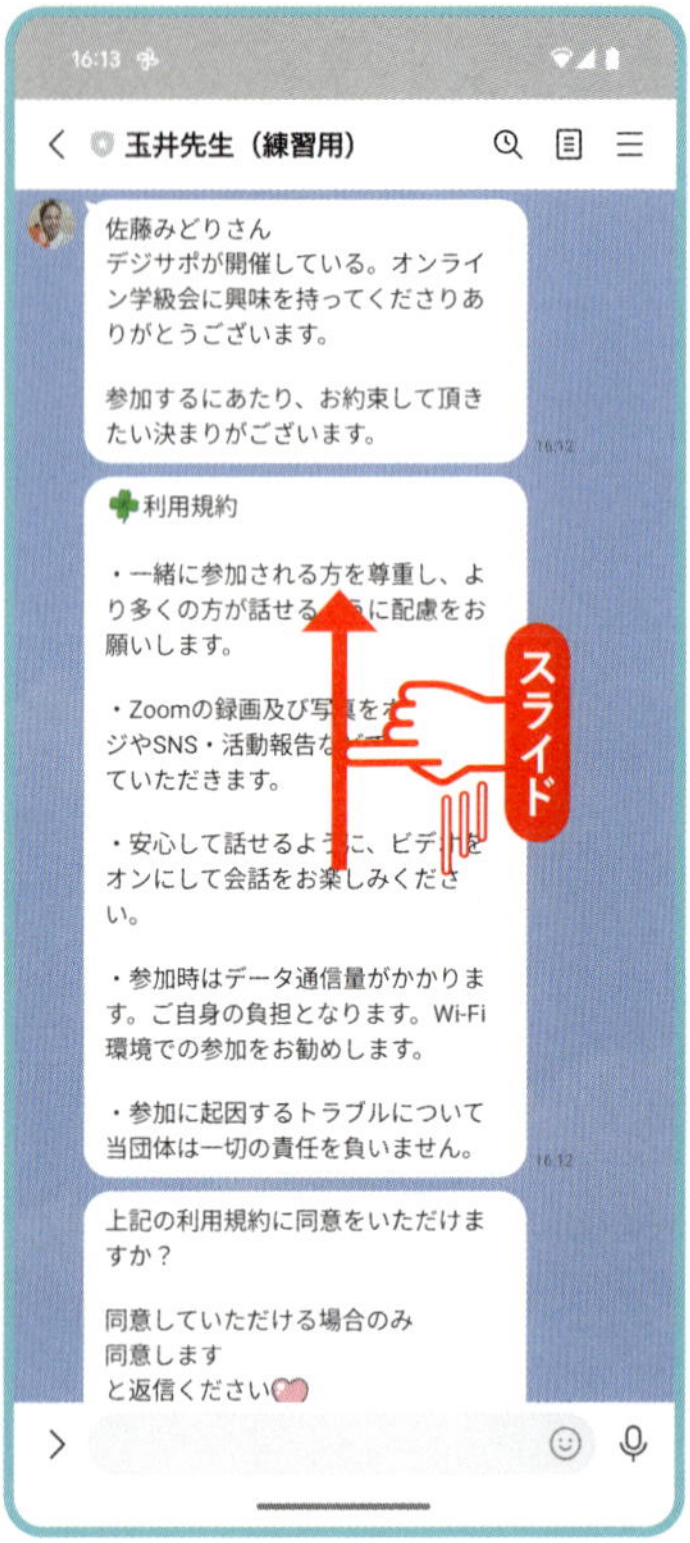
16:13
玉井先生（練習用）
佐藤みどりさん
デジサポが開催している。オンライン学級会に興味を持ってくださりありがとうございます。
参加するにあたり、お約束して頂きたい決まりがございます。
利用規約
・一緒に参加される方を尊重し、より多くの方が話せる
に配慮をお願いします。
・Zoomの録画及び写
ジやSNS・活動報告な
ていただきます。
・安心して話せるよう
、ビデ
オンにして会話をお楽しみくださ
い。
・参加時はデータ通信量がかかります。ご自身の負担となります。Wi-Fi環境での参加をお勧めします。
・参加に起因するトラブルについて当団体は一切の責任を負いません。
上記の利用規約に同意をいただけますか？
同意していただける場合のみ
同意します
と返信ください
スライド

みどり

最後まで読みました。

玉井

ありがとうございます。内容に同意していただける場合は、「同意します」とメッセージを送ってください。

玉井

「同意します」と送ったら、オンライン学級会のLINEにつながる青い英数字が出てきますのでそこをタッチしてください。

みどり

青い文字ですね。タッチします。

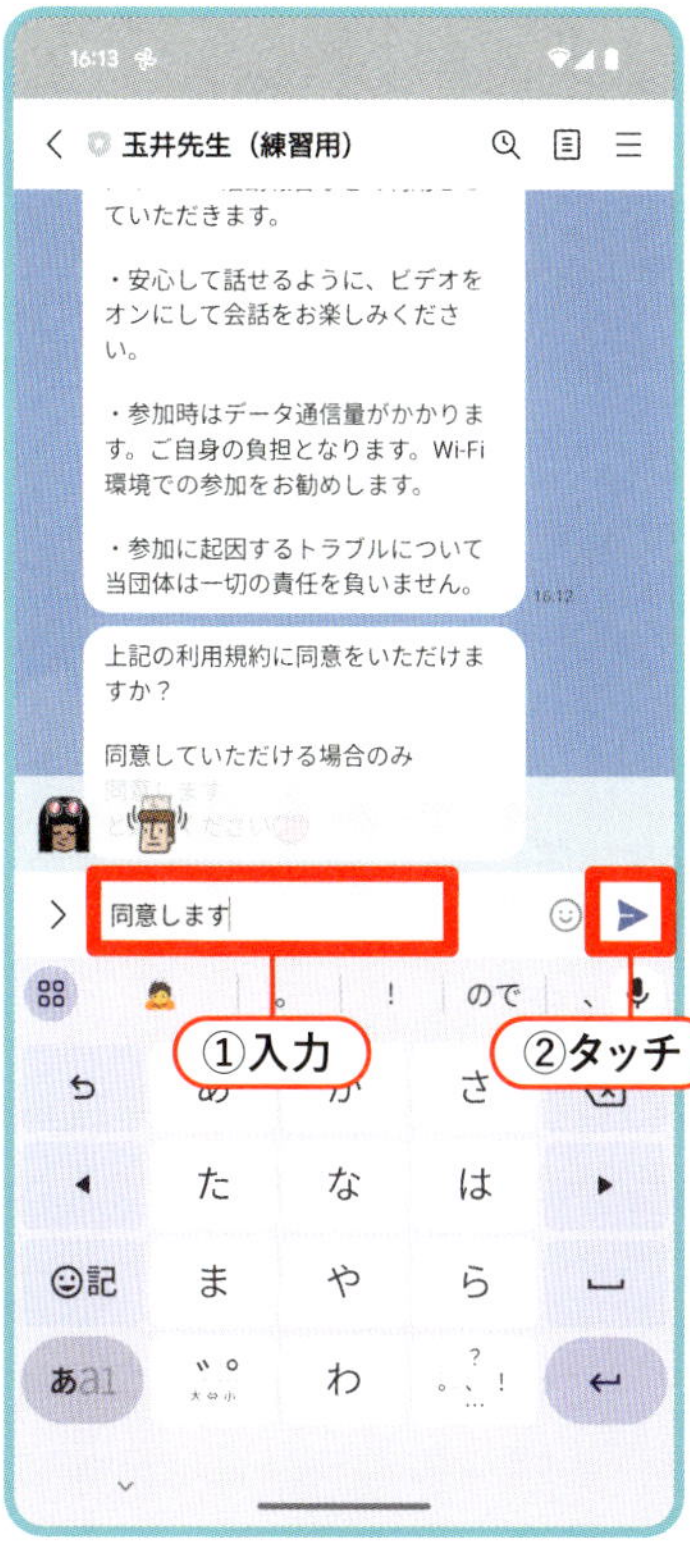

16:13
玉井先生（練習用）
ていただきます。
・安心して話せるように、ビデオをオンにして会話をお楽しみください。
・参加時はデータ通信量がかかります。ご自身の負担となります。Wi-Fi環境での参加をお勧めします。
・参加に起因するトラブルについて当団体は一切の責任を負いません。
16:12
上記の利用規約に同意をいただけますか？
同意していただける場合のみ
同意します
①入力
②タッチ

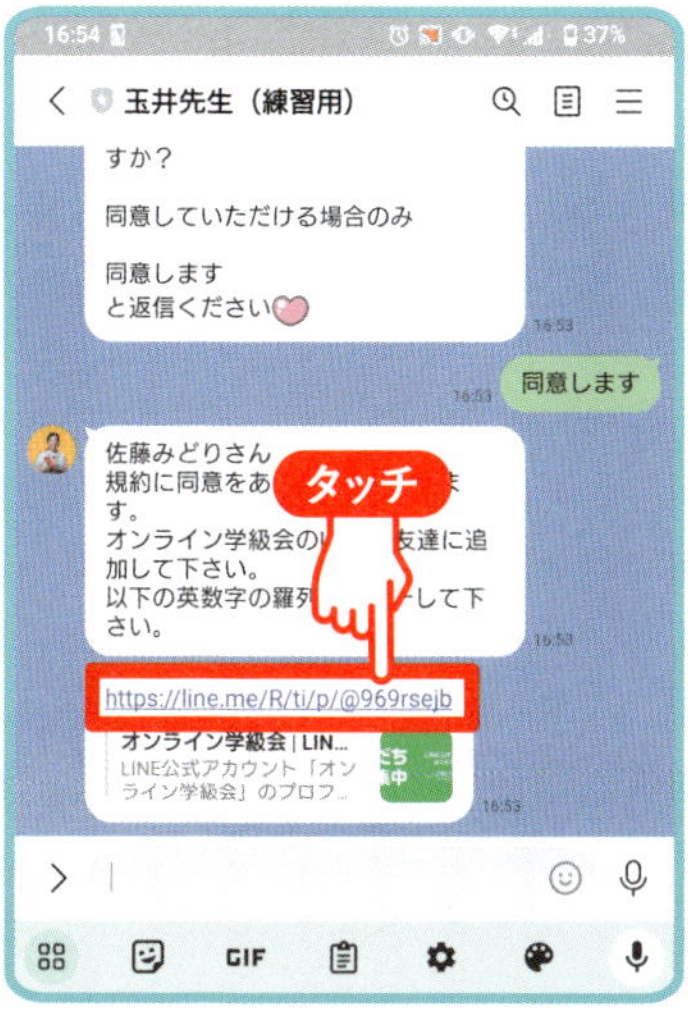

16:54
37%
玉井先生（練習用）
すか？
同意していただける場合のみ
同意します
と返信ください
16:53
同意します
佐藤みどりさん
規約に同意をあ
す。
オンライン学級会の
友達に追
加して下さい。
以下の英数字の羅列
して下
さい。
タッチ
https://line.me/R/ti/p/@969rsejb
オンライン学級会 | LIN...
LINE公式アカウント「オンライン学級会」のプロフ...
GIF

みどり

オンライン学級会の案内が出てきました。友だちに追加しますね。

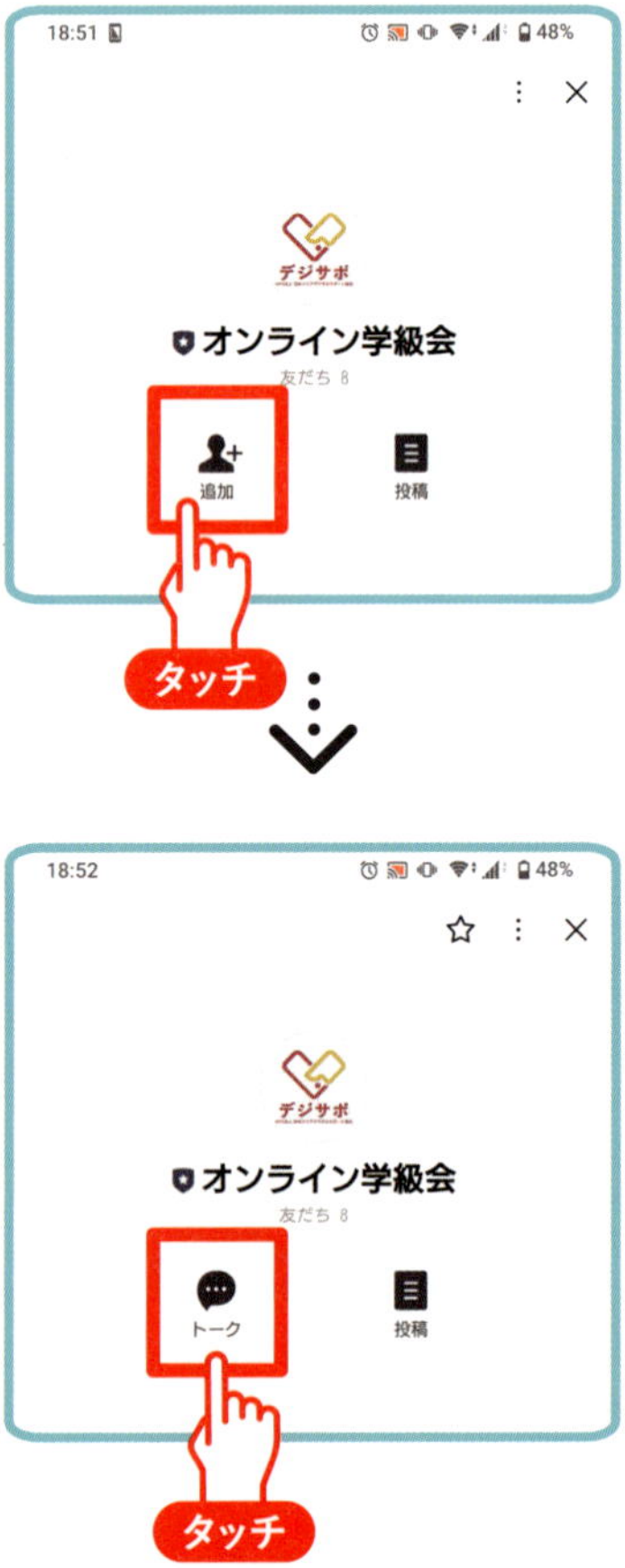

玉井

はい、その通りです。まずは「回答する」をタッチしてアンケートに答えてみましょう。

玉井

「開催日」をタッチすると学級会の開催日時がわかります。学級会の当日になったら「ZOOM」をタッチしてZoomを開いてくださいね。

みどり

わかりました！　オンライン学級会、とても楽しみだわ。

玉井

次のページから、学級会の当日に行う操作を説明しますね。

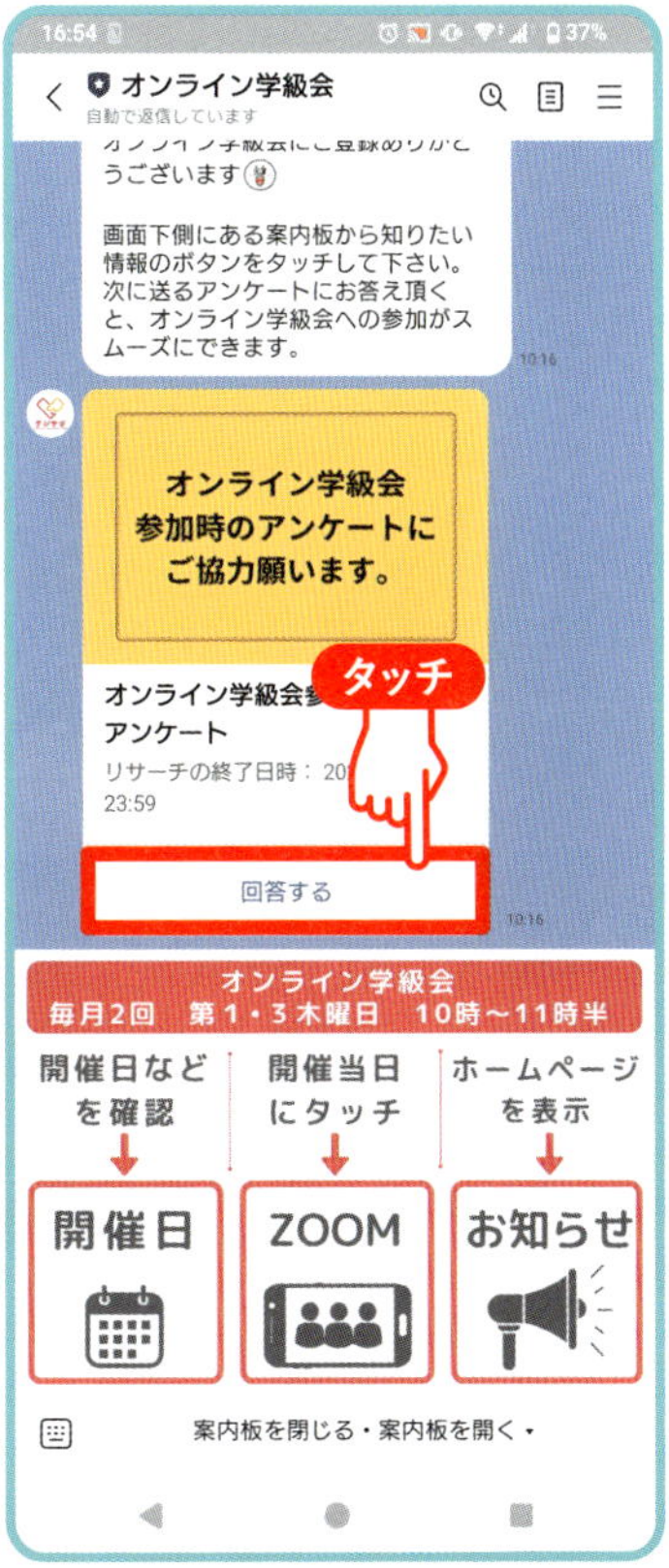

16:54
オンライン学級会
自動で返信しています
うございます
画面下側にある案内板から知りたい情報のボタンをタッチして下さい。次に送るアンケートにお答え頂くと、オンライン学級会への参加がスムーズにできます。
オンライン学級会参加時のアンケートにご協力願います。
タッチ
オンライン学級会
アンケート
リサーチの終了日時：
23:59
回答する
オンライン学級会
毎月2回　第1・3木曜日　10時～11時半
開催日などを確認
開催当日にタッチ
ホームページを表示
開催日
ZOOM
お知らせ
案内板を閉じる・案内板を開く

学級会当日、Zoomに入る方法

LINEに届いたメッセージには、「オンライン学級会」に参加するリンクが書かれています。オンライン学級会のLINEはピン留めしておきましょう（31ページ参照）。

アイフォン　アンドロイド

1 「ZOOM」をタッチ

2 青い文字列をタッチ

3 「通知の送信をZoomに許可しますか?」と表示されたら「許可」をタッチ

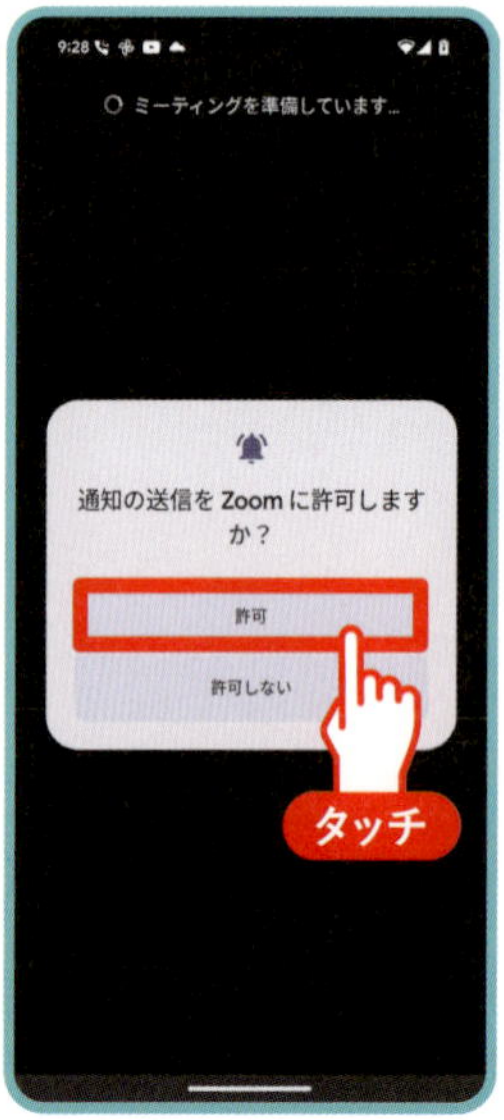

4 「名前を入力してください」をタッチ

5 名前を入力してOKをタッチ

6 「写真と動画の撮影をZoomに許可しますか?」と表示されたら「アプリの使用時のみ」をタッチ

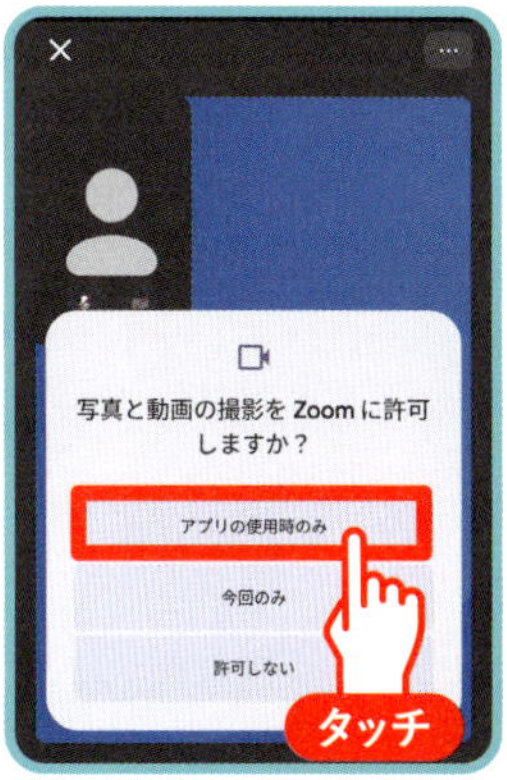

7 「音声の録音をZoomに許可しますか?」と表示されたら「アプリの使用時のみ」をタッチ

8 オンライン学級会が始まるまで待機する

9 オンライン学級会が始まった

ポイント

「他のユーザーのオーディオを聞くには……」と表示された場合は「WiFiまたは携帯のデータ」をタッチしましょう。他の人の声が聞こえるようになります。

ほかの参加者の顔を見る

Zoomに入室したときは、ひとりだけ顔が表示されています。ほかの参加者の顔を見たいときは、画面を右から左に指でなぞってください。

アイフォン　アンドロイド

1 画面に指を置き、左側にスライド

2 参加者の顔が表示された

3 話している人の顔だけを表示したいときは、画面に指を置き、右側にスライド

4 話している人の顔だけが表示されるようになった

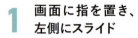

アイフォン　アンドロイド

ビデオをオフにする

学級会では、基本的にみなさんがビデオをオン（顔を表示する）で参加していますが、なんらかの事情で顔を隠したいときは、ビデオをオフにしましょう。ビデオのマークをもう一度タッチするとビデオをオンに戻せます。

1 画面を軽くタッチする

2 画面の上下にメニューが表示された

3 左下の「ビデオをオフ」をタッチ

4 ビデオがオフになり、自分の顔が映らなくなった

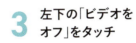

音声をオンにする

学級会でほかの人が話しているときは、マイクをオフ（ミュート）にして自分の声を消します。自分が話をするときは、マイクをオンにします。どちらも、左下のマイクのマークをタッチするとオン／オフが切り替えられます。

1 画面を軽くタッチする

2 画面の上下にメニューが表示された

3 左下の「ミュート解除」をタッチ

4 ミュートが解除され、話せるようになった

共有された画面を見る

学級会で、玉井先生やゲストの方が資料を見せるために「画面共有」をすることがあります。このとき、特に操作は必要ありませんが、参加者の顔が見たいときは、画面を左にスライドすれば表示されます。

1 話の途中で「画面を共有します」と言われたら、このまま待つ

2 画面の中央に資料が表示された。話している人は右上に表示されている

3 参加者の顔を見たいときは、画面上に指を置き、左にスライド

4 参加者の顔が表示された

横画面にする

画面共有で資料が表示されているとき、縦長の画面だと資料が小さく表示されて見にくい場合があります。そういうときは、スマホを横に倒すと横画面になり、資料が見やすくなります。

アイフォン　アンドロイド

1 スマホを持ち、横に倒す

10:23

ポイント

画面が回転しないときは

画面が回転しないときは、アンドロイドでは「設定」→「ディスプレイ」→「画面の自動回転」をオンに、アイフォンではホーム画面を上から下にスライドして「画面縦向きのロック」をオフにしましょう。

2 横長の画面になった。資料が大きく表示され、内容がよく読めるようになった

NPO法人日本シニアデジタルサポート協会　様主催
オンライン学級会　2024年11月21日
行政書士リエゾンOffice
行政書士　新井裕子
新井裕子 行政書士リエゾンOffice の画面

自分の位置を移動する

参加者の顔が表示されている画面で、他の参加者の顔が自分の顔に隠れて見えなくなることがあります。その方の顔を見たいときは、自分の顔を別の場所に移動させましょう。

アイフォン　アンドロイド

1 自分の顔の上に指を置き、そのまま上にスライド

2 自分の顔が上に移動した

オンライン学級会から退出する

オンライン学級会が終わったら、学級会から退出します。なお、自分で操作しなくても、運営者（玉井先生）がＺｏｏｍの部屋を閉じた場合は、自動的に退出できます。

アイフォン　アンドロイド

1 画面を軽くタッチする

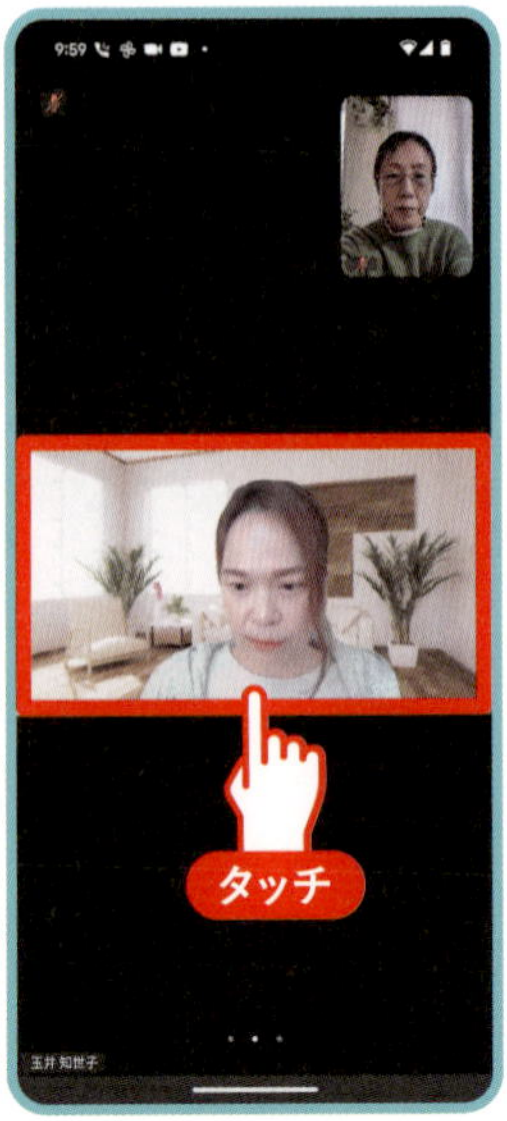

2 メニューが表示されたら、右上の「退出」をタッチ

3 この画面になったら、「ミーティングを退出」をタッチ

4 学級会から退出した

玉井

これで、Ｚｏｏｍで学級会に参加できるようになりましたね。ここまで読んだ方は私に「１級できた」とＬＩＮＥを送ってみましょう。私からのお返事が返ってきます。それでは、学級会でお会いできるのを楽しみにしています！

これで1級合格。
おめでとうございます！

memo.

合格した日

月　　　日

コラム

「オンライン学級会」の名前の由来

皆さんの学生時代、「学級会」という時間がありましたか？　学級会は、イベントを企画・実行して楽しんだり、テーマを決めて話し合ったりと、みんなで過ごす楽しい時間でしたよね。そんな温かいつながりを作りたいと思い「オンライン学級会」と名づけました。オンライン学級会では、さまざまなイベントを楽しみながら、参加者同士が仲間になり、心のつながりを感じることができます。実際に、ここで出会った方々が友達のような関係になり、近所に住む人同士で飲みに行くなど、リアルな交流に発展することも！

※参加時はワイファイまたはスマホの大容量プランを利用すると通信料を気にせず安心してご参加いただけます。学級会の参加人数は1度の開催につき100名（スタッフやボランティア含む）までです。

皆様のご参加を楽しみにしています。

困ったときはここを見よう

玉井

ここではスマホを使っていてよくある「困った」場合の解決策を掲載しています。

・画面が暗くなってしまう
・文字が小さくて見にくい
・マナーモードにしたい
・画面が回転してしまう

などといった内容を解説します。一部、玉井先生にＬＩＮＥでキーワードを送ると動画で説明が見れるものもあります。

すでに知っている内容でも、復習として見てくださると嬉しいです。

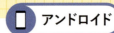

画面がすぐ暗くなる（アンドロイド）

スマホは電池を長持ちさせるため、しばらく操作しないと自動的に画面が暗くなります。この暗くなるまでの時間を長くすることができます。

1 ホーム画面の「設定」をタッチ

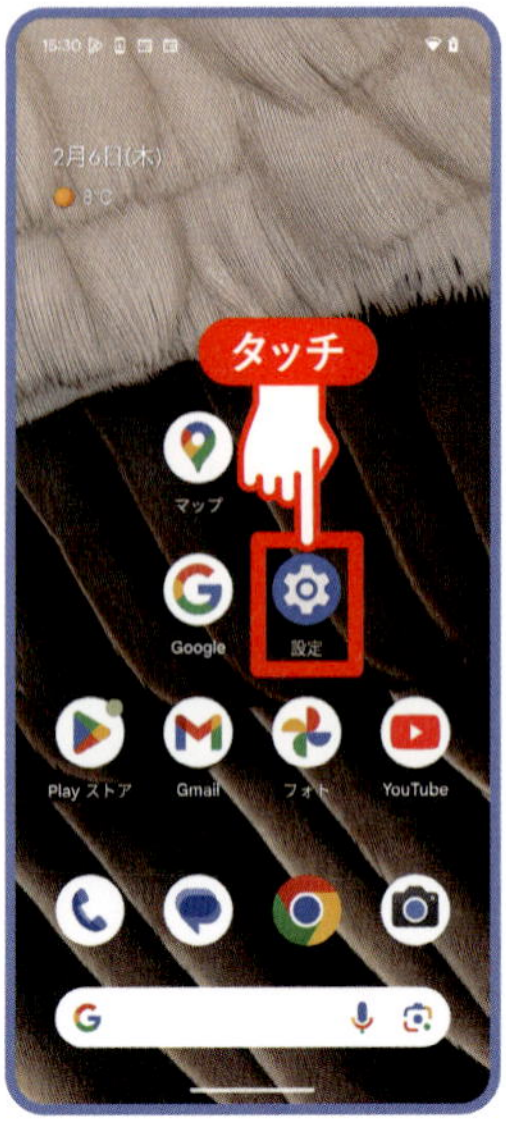

2 「ディスプレイとタップ」をタッチ

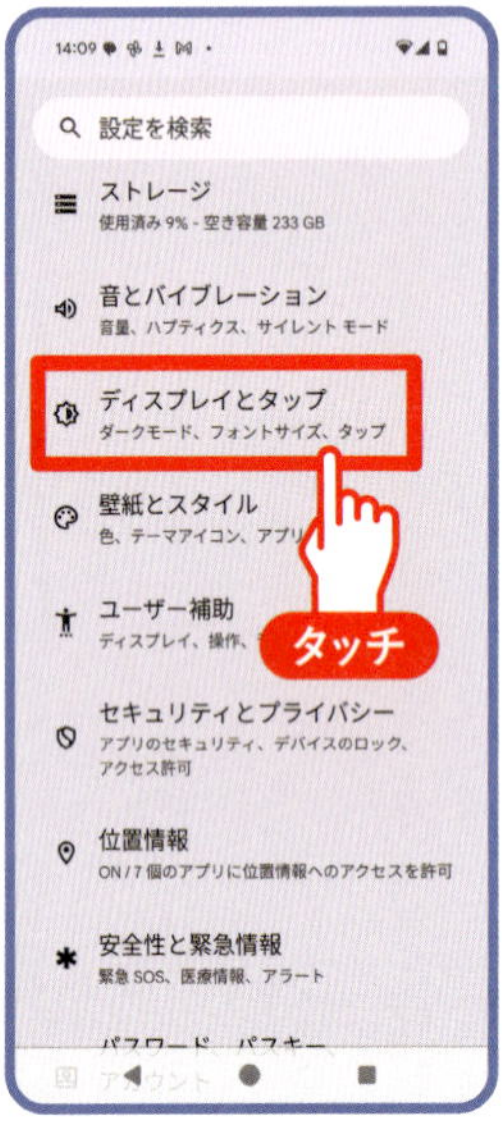

3 「画面消灯」（または「スリープ」）をタッチ

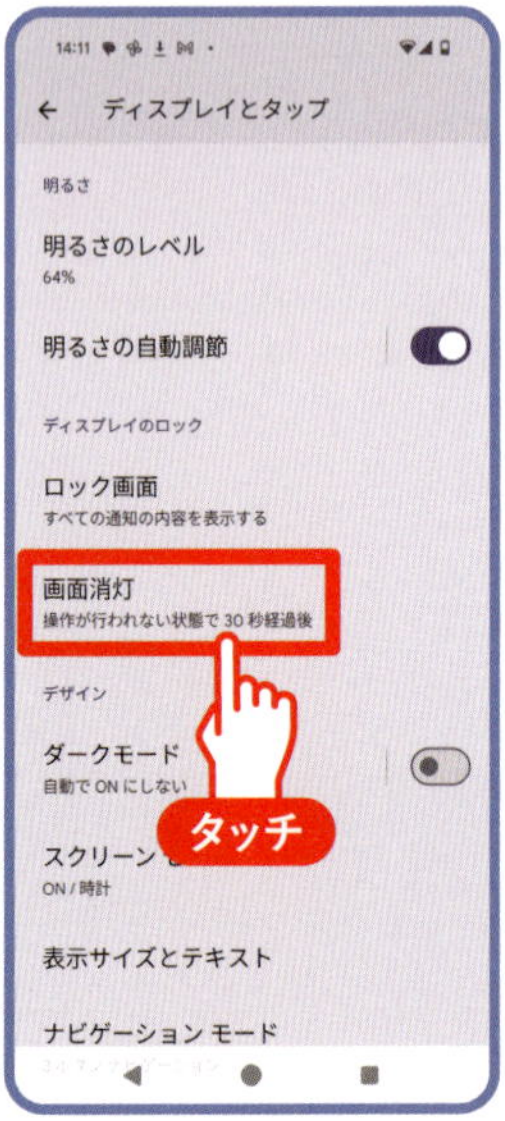

4 好きな時間を選んでタッチする

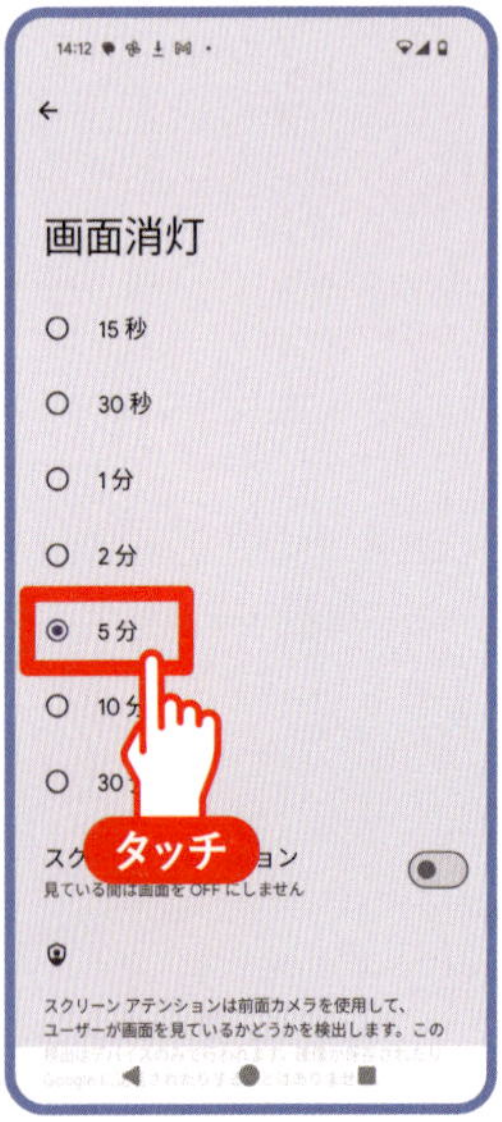

画面がすぐ暗くなる（アイフォン）

アイフォンで、画面が暗くなるまでの時間を設定する方法を解説します。

1 ホーム画面の「設定」をタッチ

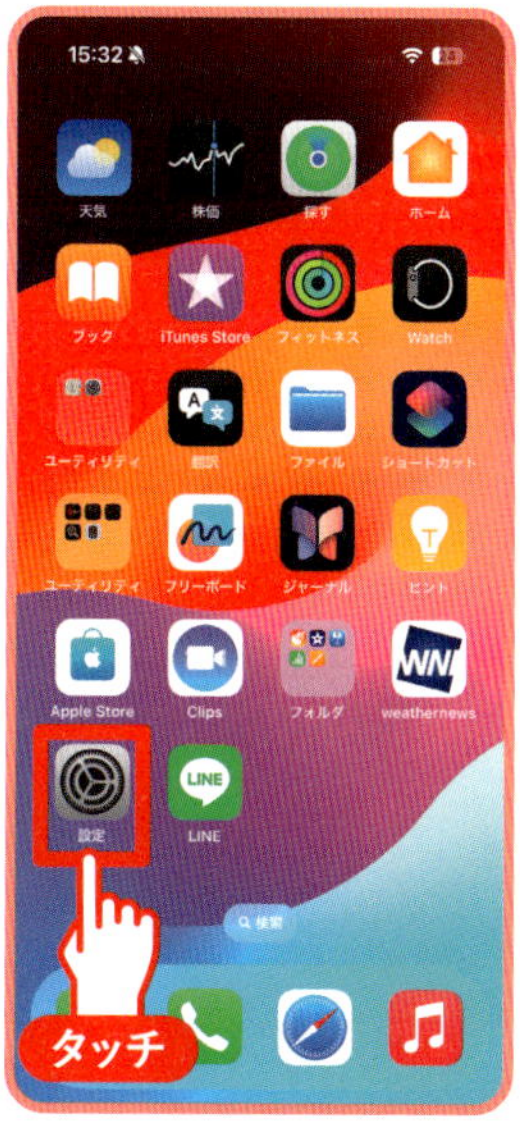

2 「画面表示と明るさ」をタッチ

3 「自動ロック」をタッチ

4 好きな時間を選んでタッチする

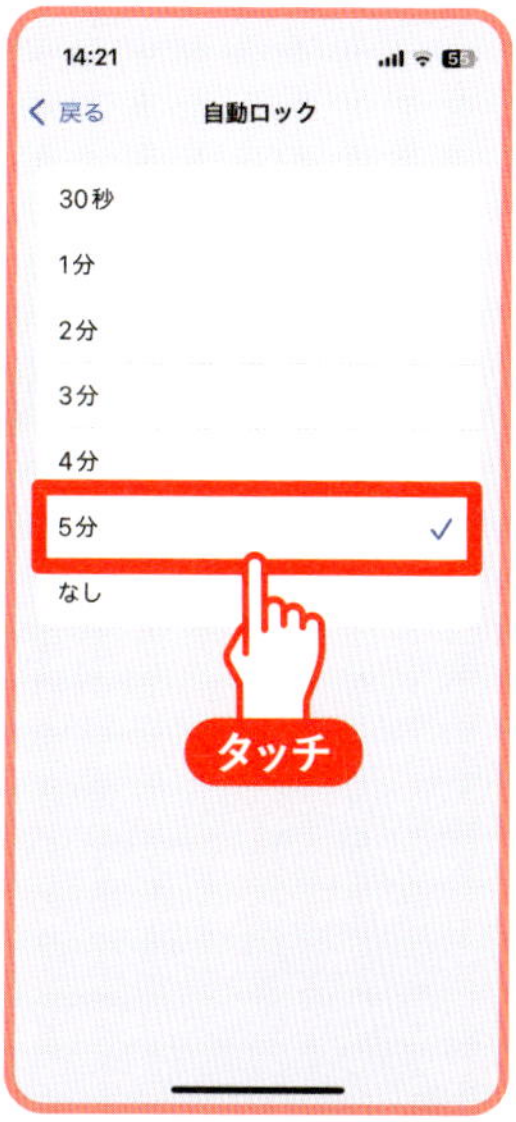

文字を大きくしたい（アンドロイド）

スマホの文字は、大きくしたり小さくしたりできます。文字が見にくいときは、見やすい大きさに変更しましょう。

1 「設定」アプリを開く

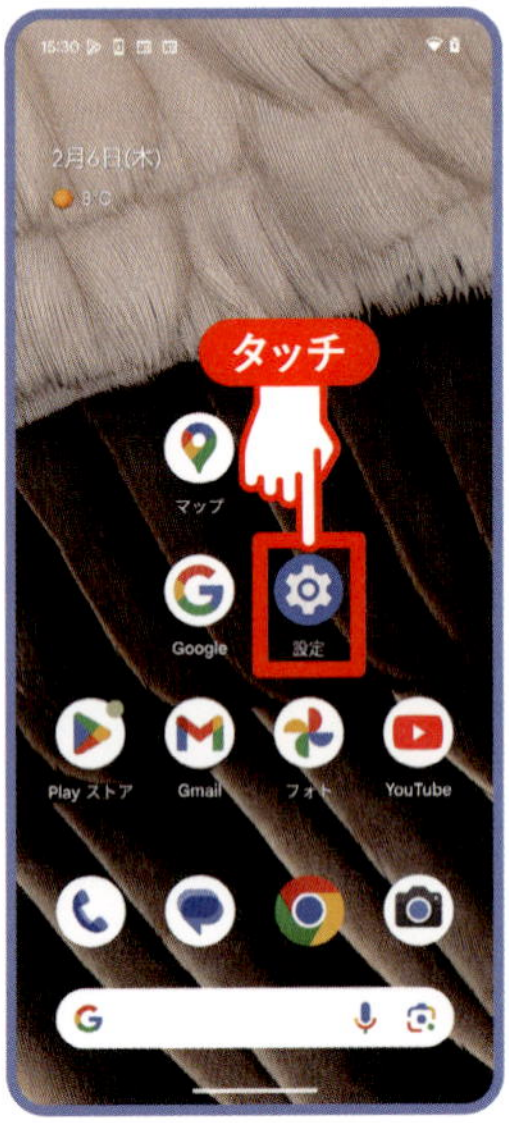

2 「ディスプレイとタップ」（または「画面」）をタッチ

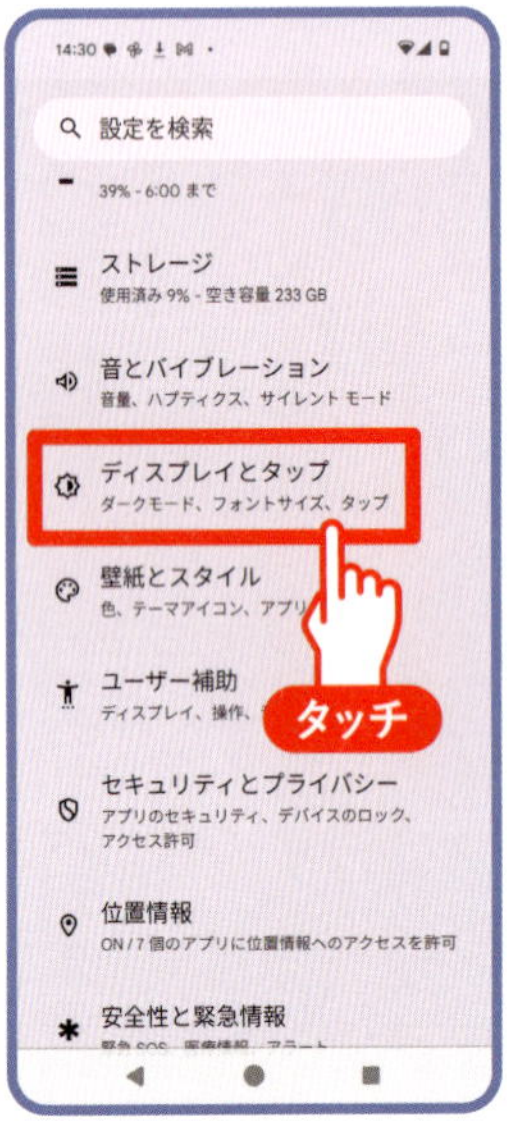

3 「表示サイズとテキスト」をタッチ

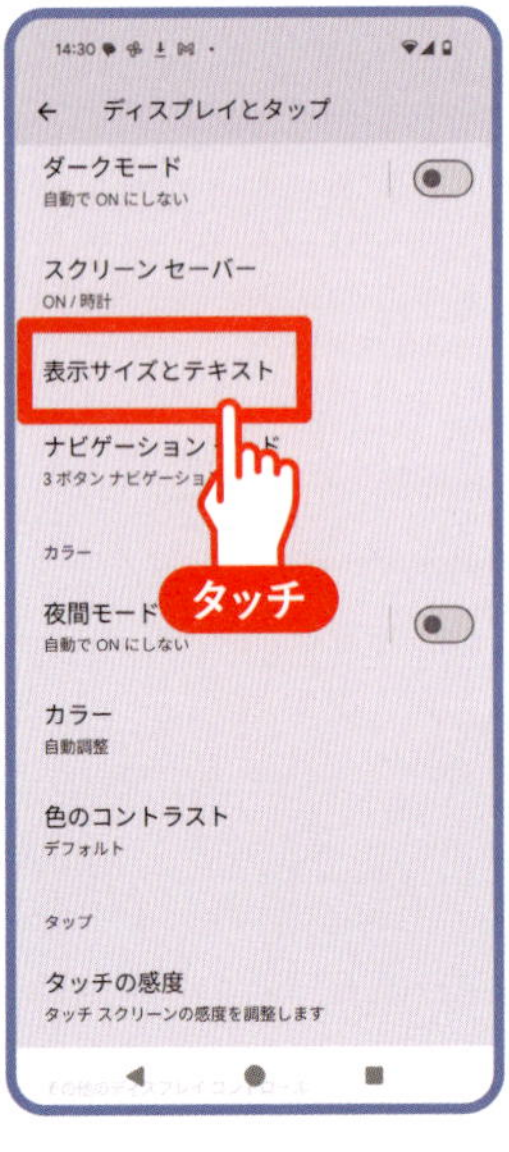

4 「フォントサイズ」の「＋」をタッチすると文字が大きくなる

文字を大きくしたい（アイフォン）

アイフォンでスマホの文字を大きくする方法を解説します。

1 「設定」アプリを開く

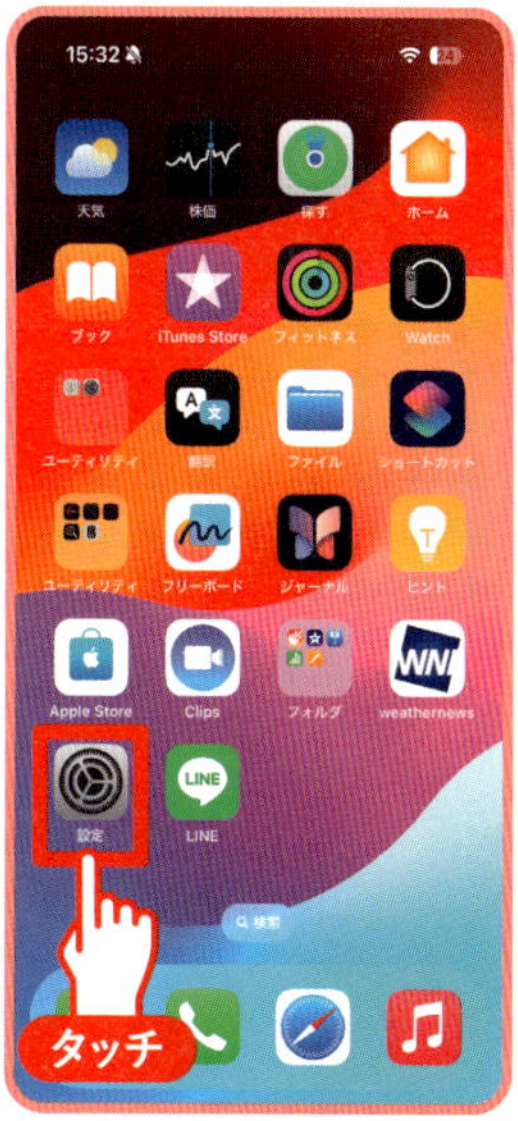

2 「画面表示と明るさ」をタッチ

3 「テキストサイズを変更」をタッチ

4 右側の「あ」をタッチすると文字が大きくなる

マナーモードにしたい（アンドロイド）

外出先でスマートフォンの音が鳴ってしまうと周りの人の迷惑になります。マナーモードにして音が出ないようにしましょう。

1 スマホの横にある音量ボタンを押す

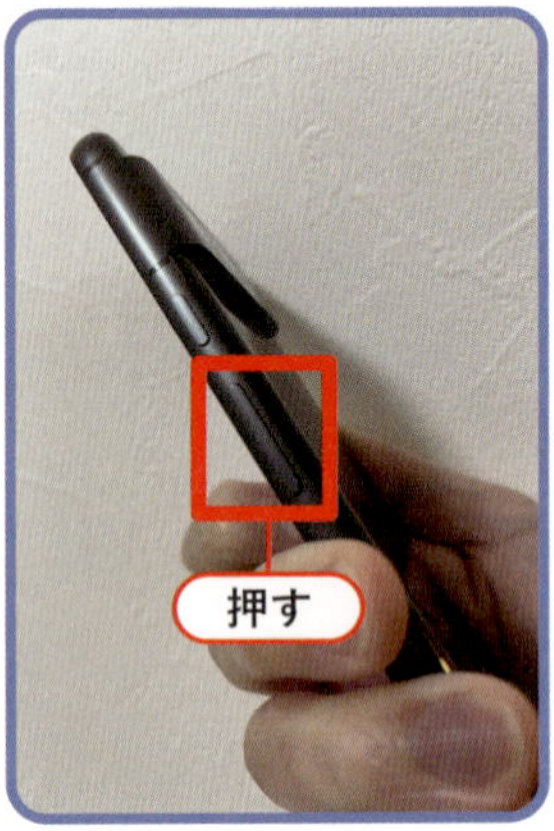

2 音量を示すマークが出たら、一番上のスピーカーマークをタッチ

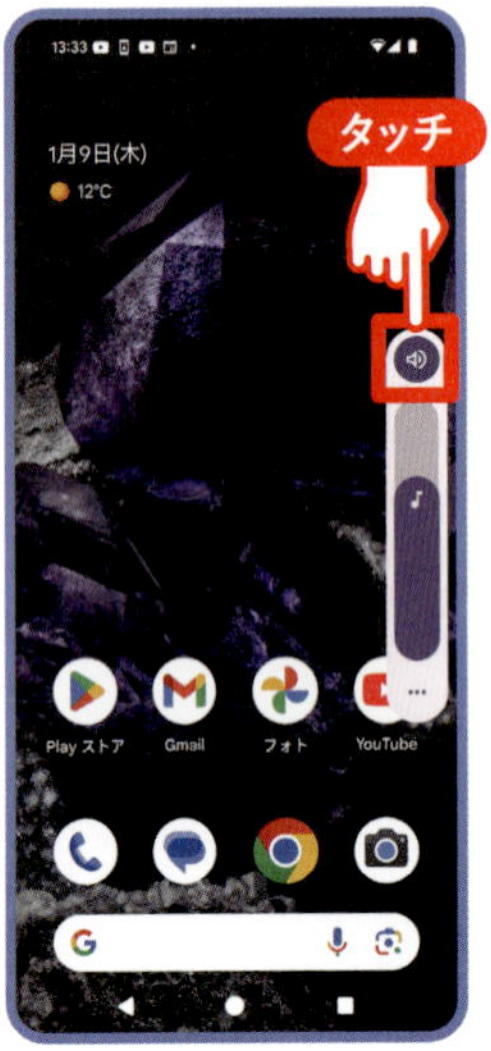

3 スピーカーマークの上に左右に震えるマークが出たら、それをタッチ

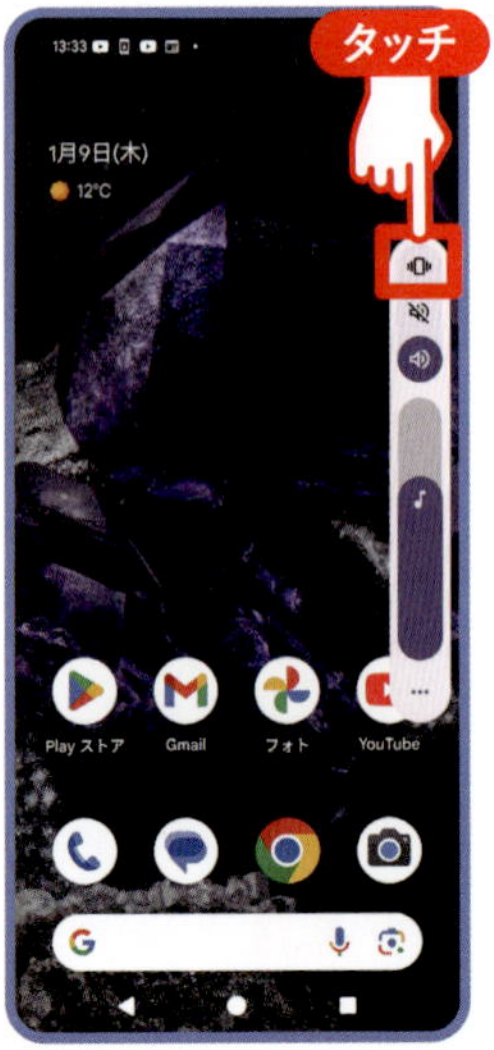

4 マナーモードになった。元に戻したいときは、同じ操作でスピーカーマークをタッチする

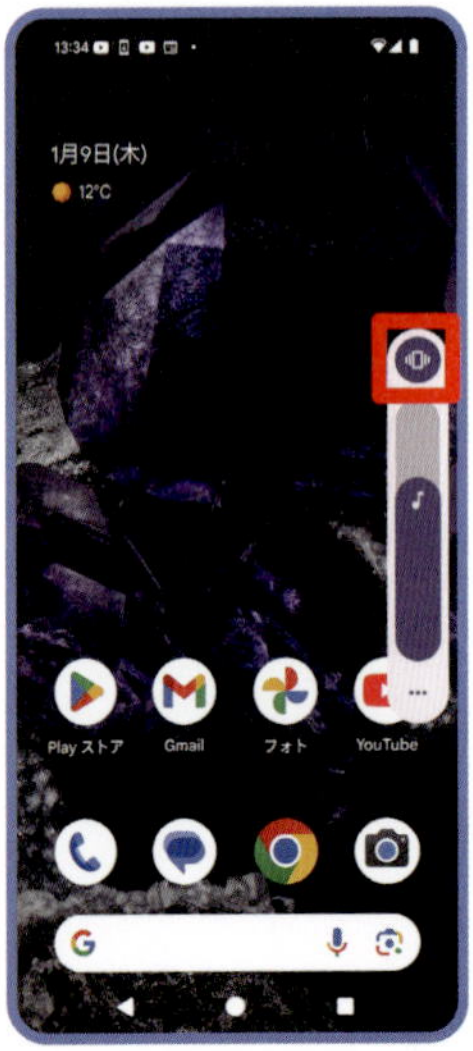

マナーモードにしたい（アイフォン）

アイフォンでマナーモードにする方法を解説します。

1 本体の側面にある「着信/サイレントスイッチ」を背面に向かって押し下げる。

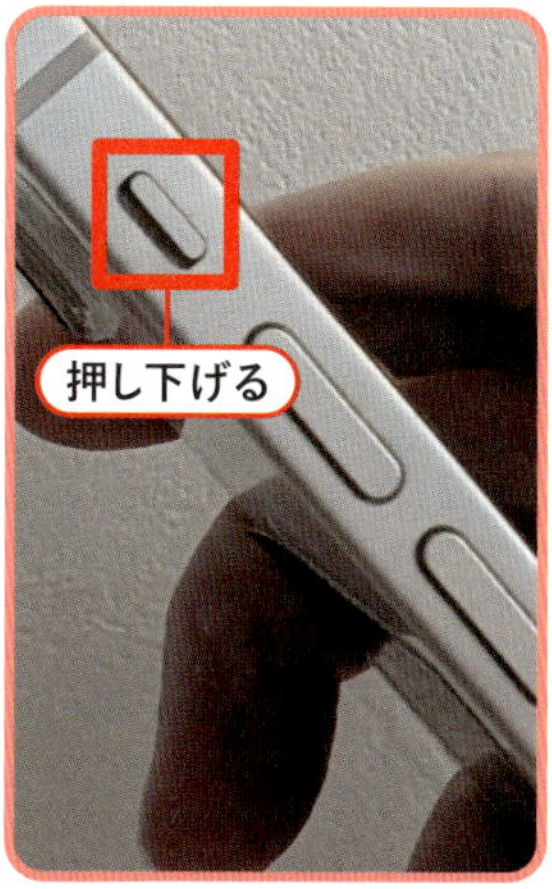

2 マナーモードになったらマナーモードになったスイッチを元に戻すとマナーモードが解除される

ポイント

アイフォン15以降でマナーモードにするには

iPhone15pro以降ではアクションボタンを使います。「設定」→「アクションボタン」→「消音モード」をタッチして設定してからアクションボタンを押すとマナーモードになります。

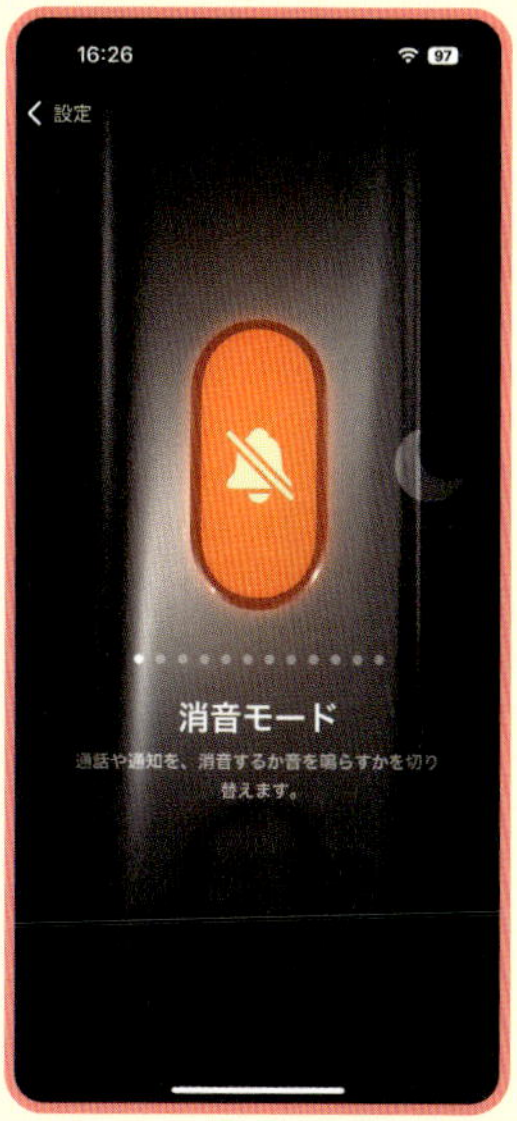

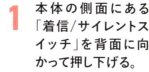

画面がくるくる回る（アンドロイド）

スマホを傾けると画面が回転してしまい、見づらくなることがあります。簡単な設定で画面の回転を止めることができます。

1 ホーム画面の上部に指を置いたまま下に向かってなぞる

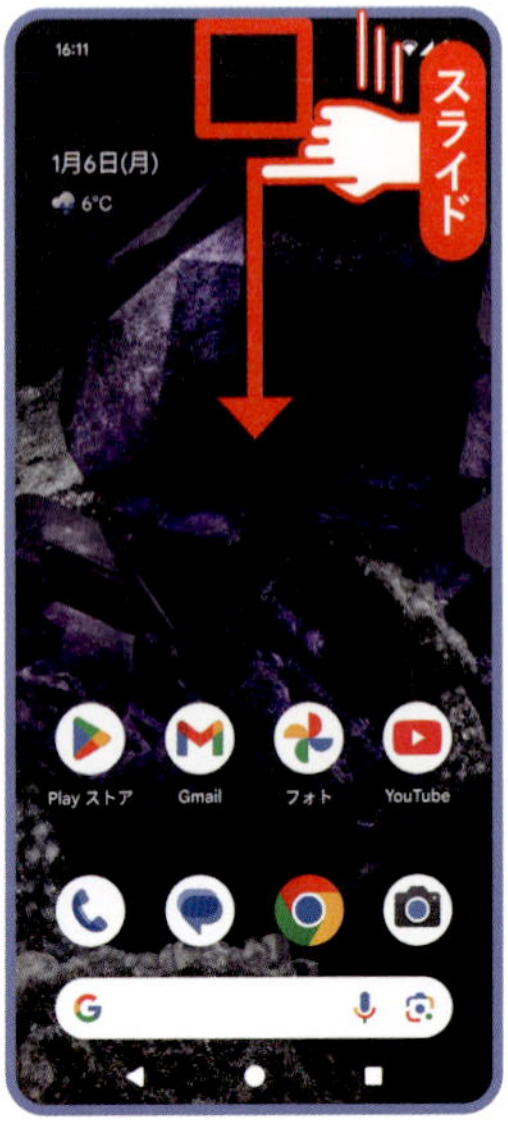

2 指を置いたまま下に向かってなぞる

3 「自動回転」をタッチ

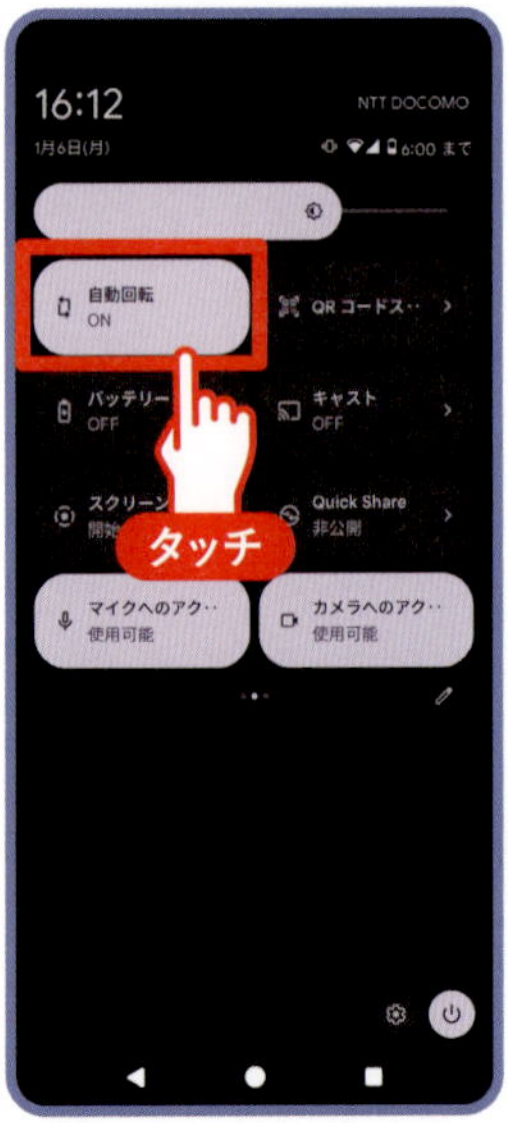

4 自動回転がオフになった

画面がくるくる回る（アイフォン）

アイフォンで画面の回転を止める方法を解説します。

1 画面の右上隅に指を置いたまま下に向かってなぞる

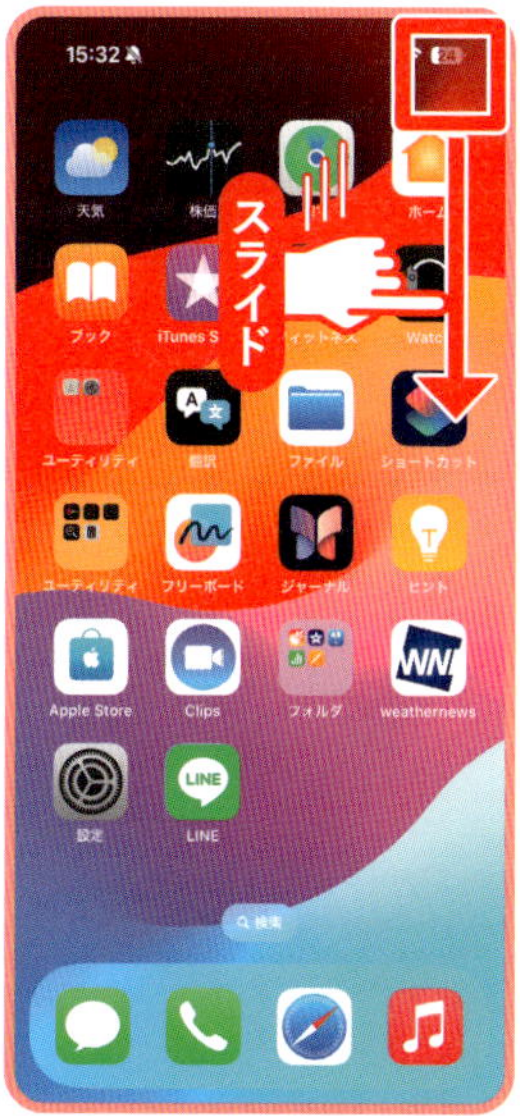

2 鍵のマークをタッチ

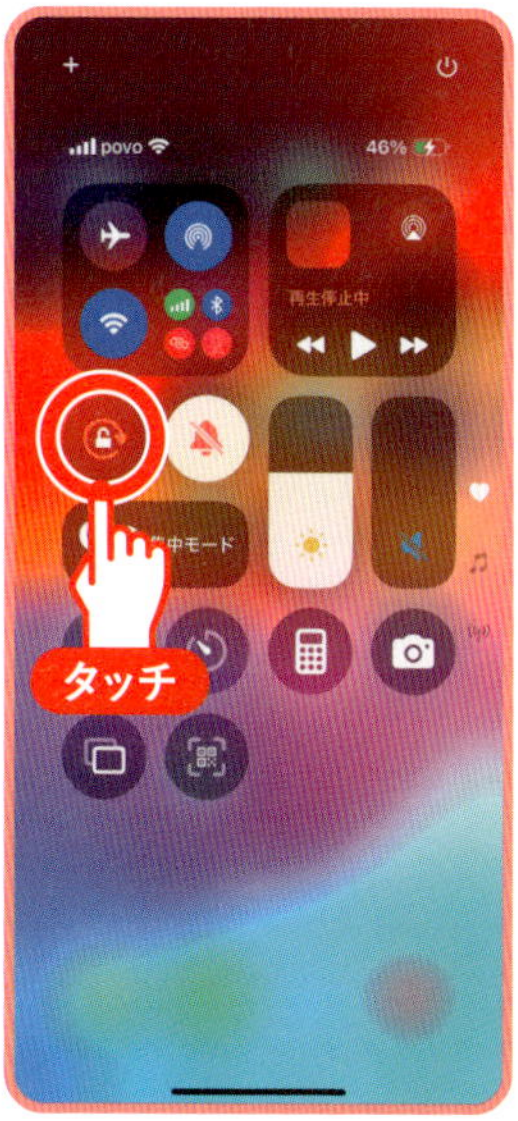

3 自動回転がオフになった

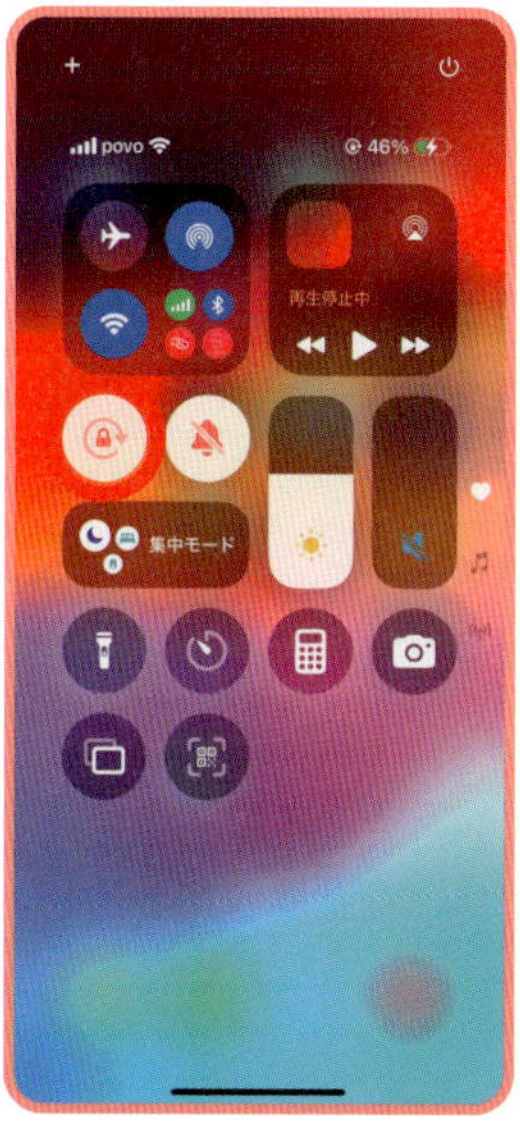

ポケットでスマホが誤動作する

ポケットやバッグの中でスマホが勝手に操作されてしまうことがあります。電源ボタンを押して画面を暗くすると、勝手に操作されなくなります。

アイフォン　アンドロイド

1 スマホの右側の電源ボタンを押す

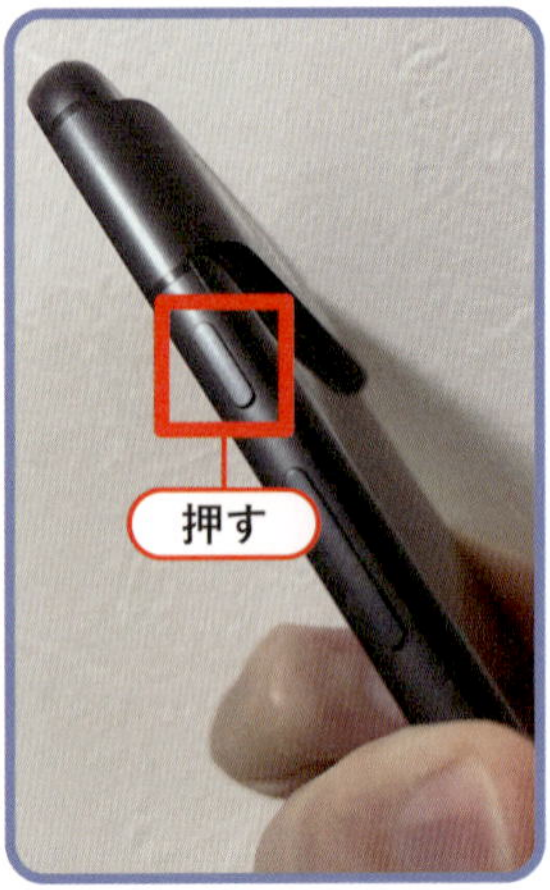

2 画面が暗くなる

アイフォン　アンドロイド

1 スマホの右側のボタンを押す

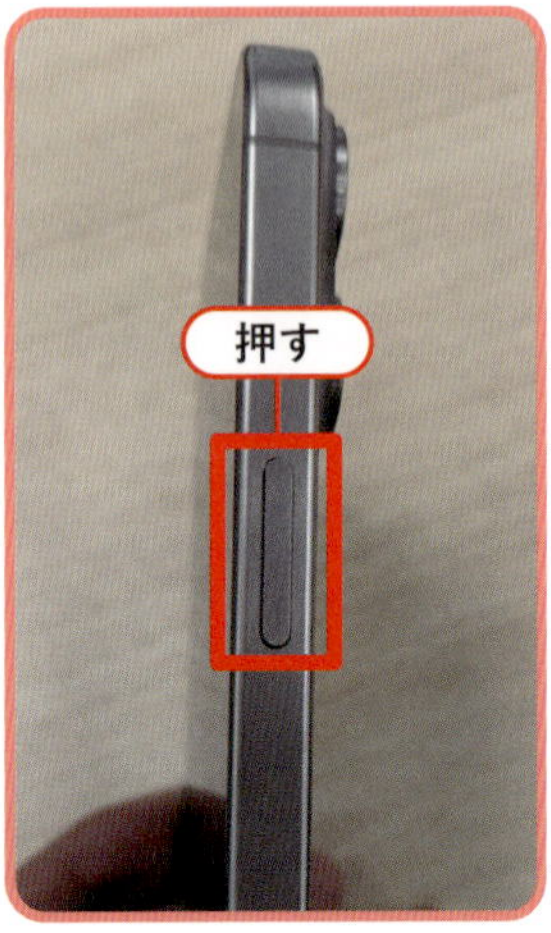

2 画面が暗くなる

アプリから権限の許可を求められた

新しいアプリを使い始めると「カメラへのアクセスを許可しますか？」などの表示が出ることがあります。これはアプリが正しく動くために必要な確認です。

1 「アプリの使用時のみ許可」をタッチ

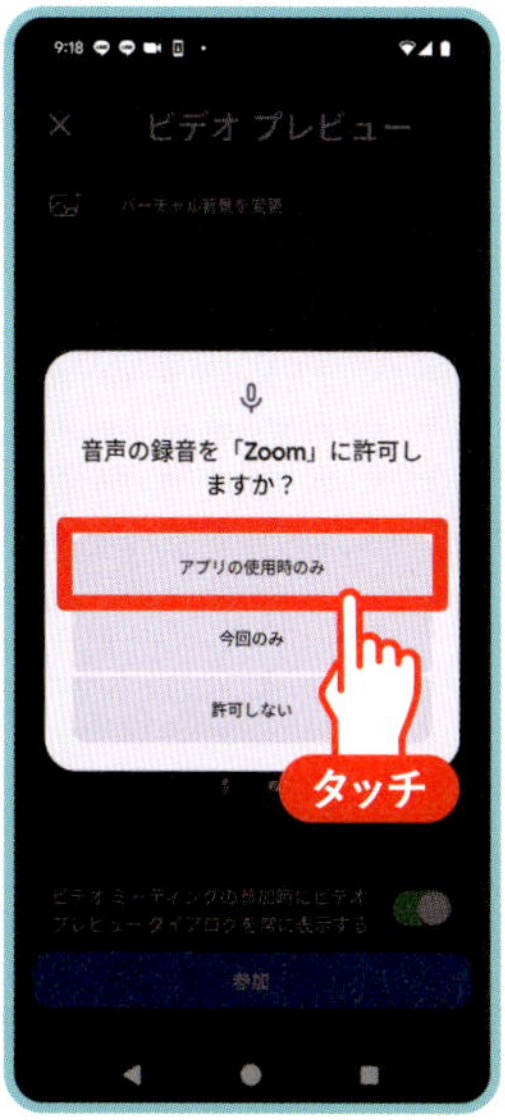

2 「了解」をタッチ

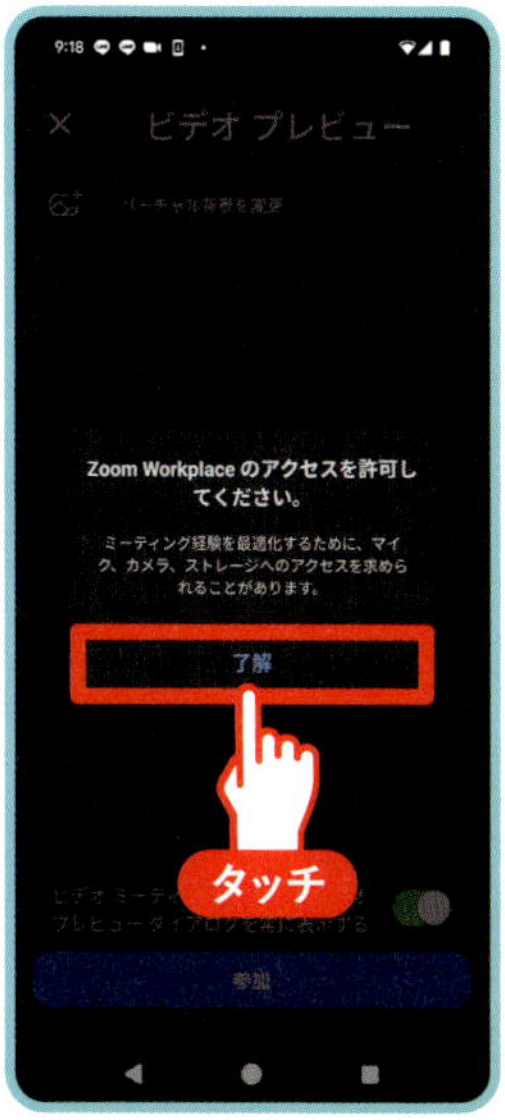

3 アプリの使用が許可された

ポイント

アイフォンの場合は「許可」をタップします。

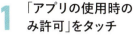

辞書に言葉を登録したい（アンドロイド）

文字入力のときに、よく使う言葉や名前を登録できます。たとえばメールアドレスを手入力するのは大変なので、「m」と入力するだけで入力できるように設定します。

1 文字盤の歯車マークをタッチし、次の画面で「単語リスト」をタッチ

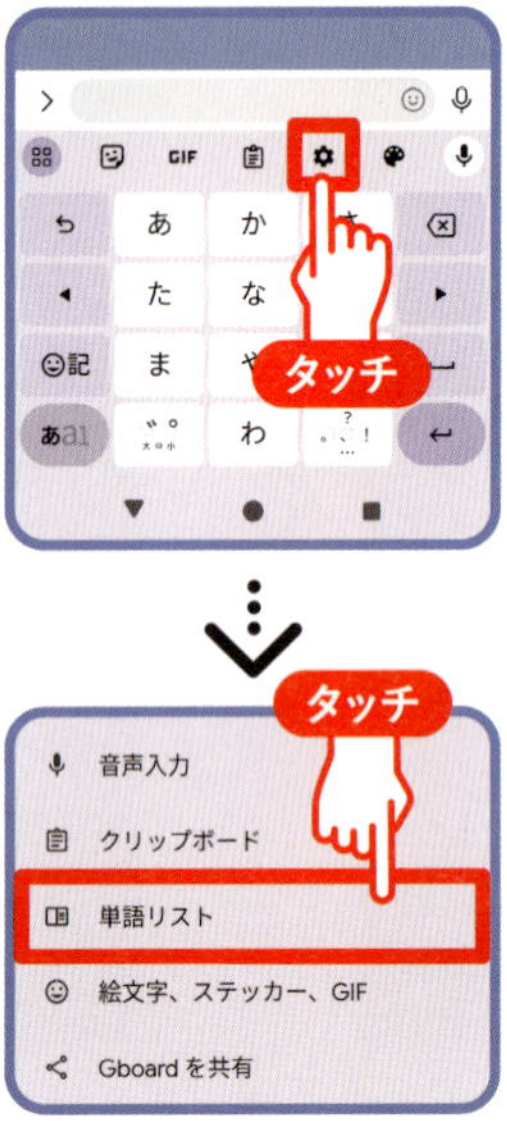

2 次の画面で「単語リスト」を、その次の画面で「日本語」をタッチし、開いた画面の右上にある「＋」をタッチ

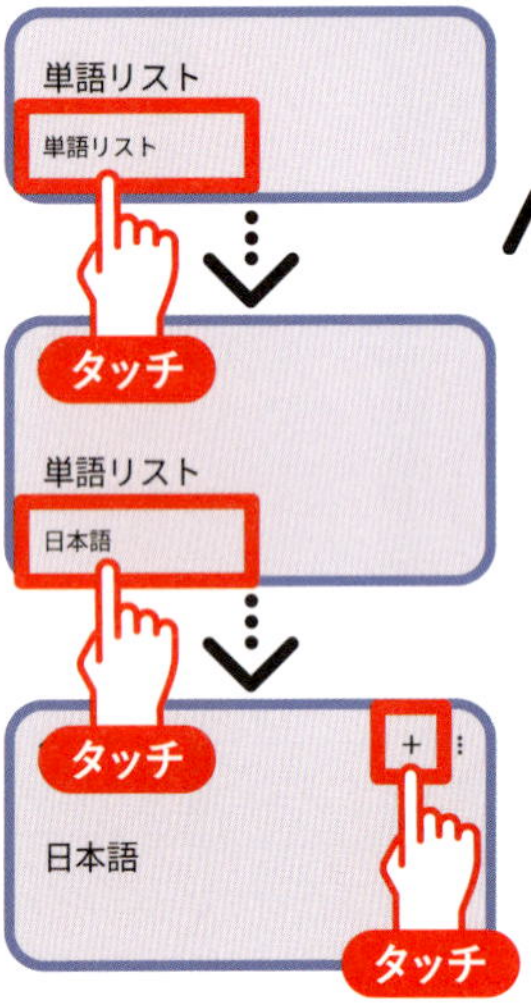

3 登録したい単語と、その読み方を入力し、下の「✓」をタッチ

4 単語が登録された

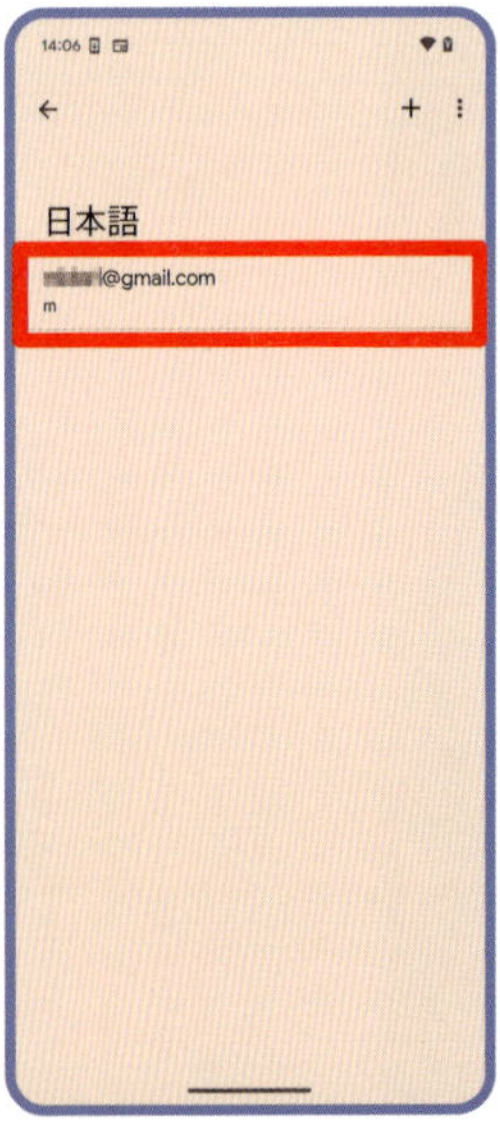

辞書に言葉を登録したい（アイフォン）

アイフォンでよく使う言葉を登録する方法を解説します。

1 「設定」アプリを開く

2 「一般」をタッチした後「キーボード」をタッチ

3 「ユーザ辞書」をタッチし、開いた画面の右上にある「＋」をタッチ

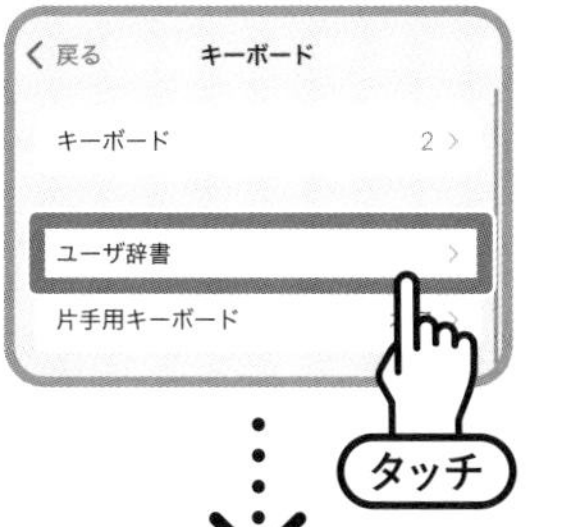

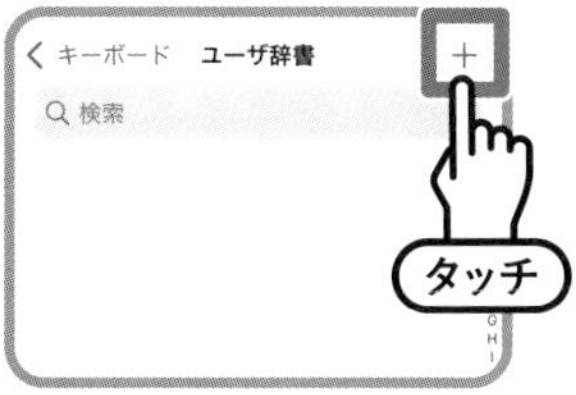

4 登録したい単語と、その読み方を入力し、右上の「保存」をタッチ

5 単語が登録された

LINEの未読を一括で消したい

LINEのトーク画面に表示される未読メッセージの数（赤い数字）を、一度にすべて既読にすることができます。

1「LINE」アプリのトーク画面の右上にあるマークをタッチ

2「すべて既読にする」をタッチ

3「既読にする」をタッチ

4 未読がなくなった

アイフォン　アンドロイド

LINEの乗っ取り防止

LINEのアカウントが他人に乗っ取られると、詐欺に悪用される危険性があります。乗っ取りを防ぐため、「ログイン許可」をオフにしておきましょう。

1 「LINE」アプリのホーム画面を開き、右上の歯車マークをタッチ

2 「アカウント」をタッチ

3 「ログイン許可」の右にあるボタンが緑になっていたら、そこをタッチ

4 「ログイン許可」がオフになった（ボタンが白くなった）

LINEのリアクションをしたい

アイフォン　アンドロイド

メッセージに対して「いいね」や「笑う」などの気持ちを、文字を打たずに伝えることができます。リアクションをした場合、相手に通知はいきません。

1 リアクションをつけたいメッセージを長押しする

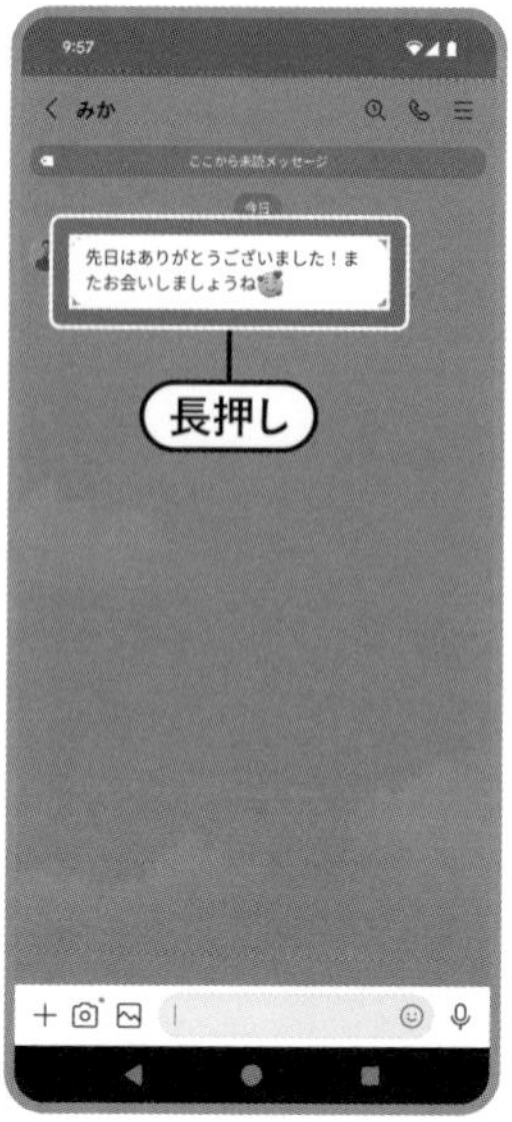

2 表示される6つの絵文字からリアクションしたい絵文字を選ぶ

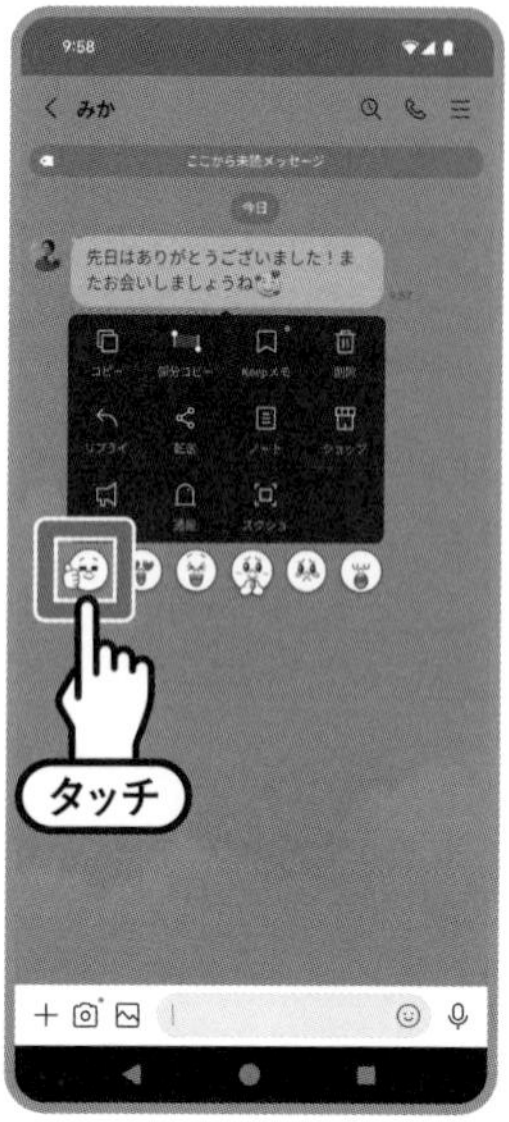

3 リアクションがメッセージの下に表示された

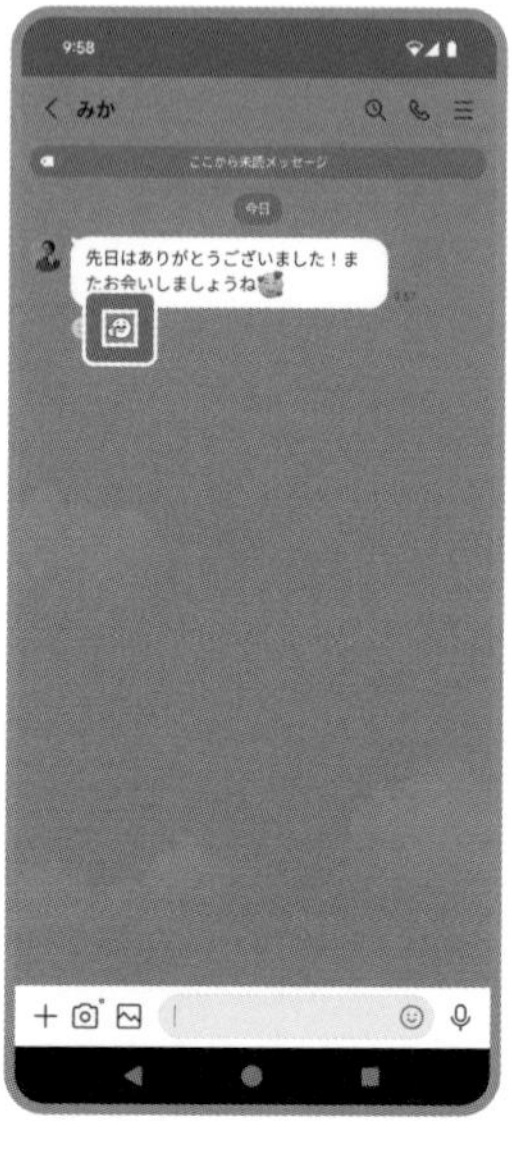

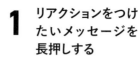

ポイント

リアクションはこう選ぶ

リアクションは、「返事は必要ないけど見たよ」という気持ちを伝えるのに最適です。たとえば、「」で「了解」を伝える、写真に「」をつけて「見たよ」を伝えるなどといった使い方ができます。

LINEの広告を踏んでしまった

LINEを使っているときに、誤って広告をタップしてしまうことがあります。慌てずに対処する方法を覚えておきましょう。

アイフォン　アンドロイド

1 広告にタッチしてしまったら、画面の左端から右に向かってなぞる

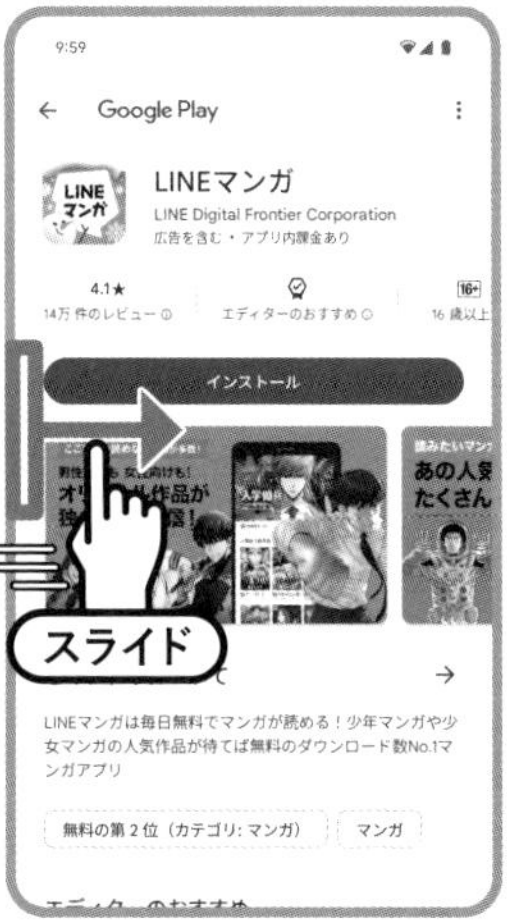

2 もとの画面に戻った

ポイント
よりくわしい対処法を知りたい方はLINE玉井先生に「広告」と送ってみましょう。

アイフォン　アンドロイド

1 広告をさわってしまった画面。画面の下端から上に向かってなぞる

2 ホーム画面に戻った。「LINE」をタッチするとLINEに戻る

ポイント
よりくわしい対処法を知りたい方はLINE玉井先生に「広告」と送ってみましょう。

スクリーンショットを取りたい

スマートフォンに表示されている画面を、写真のように保存することができます。ＬＩＮＥの会話や、ホームページの情報を残しておきたいときに便利です。

アイフォン　アンドロイド

電源ボタンと音量小ボタンを同時に長押しする

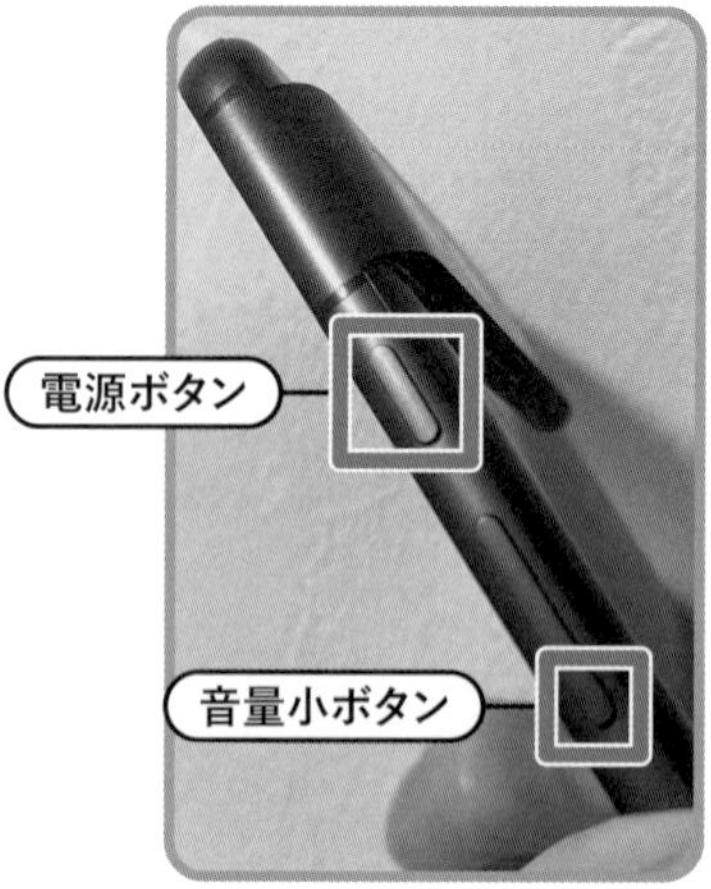

アイフォン　アンドロイド

スマホの右側のサイドボタンと、左側の音量を上げるボタンを同時に長押しする

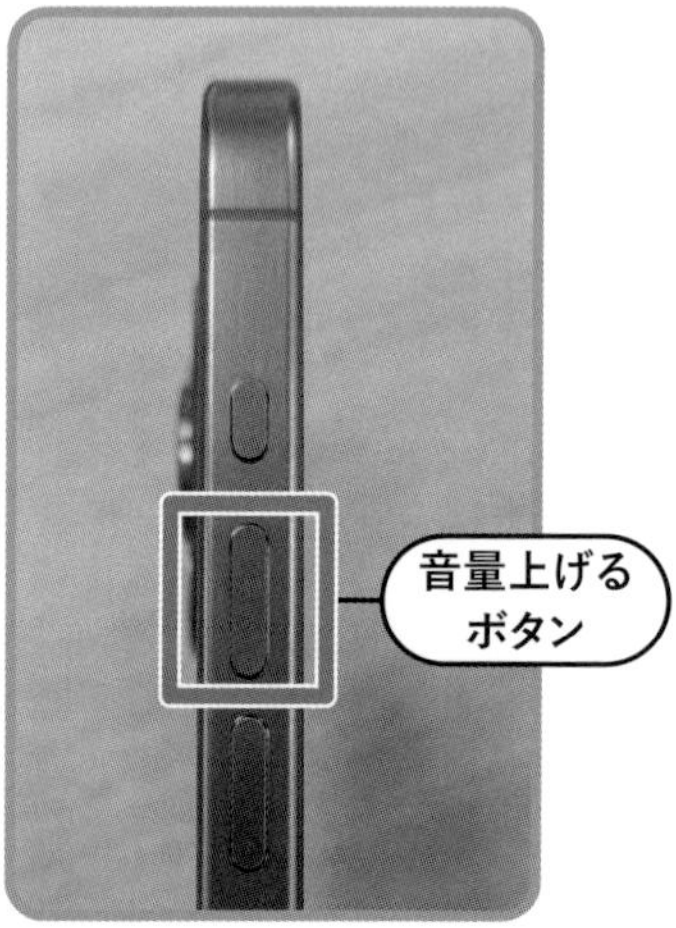

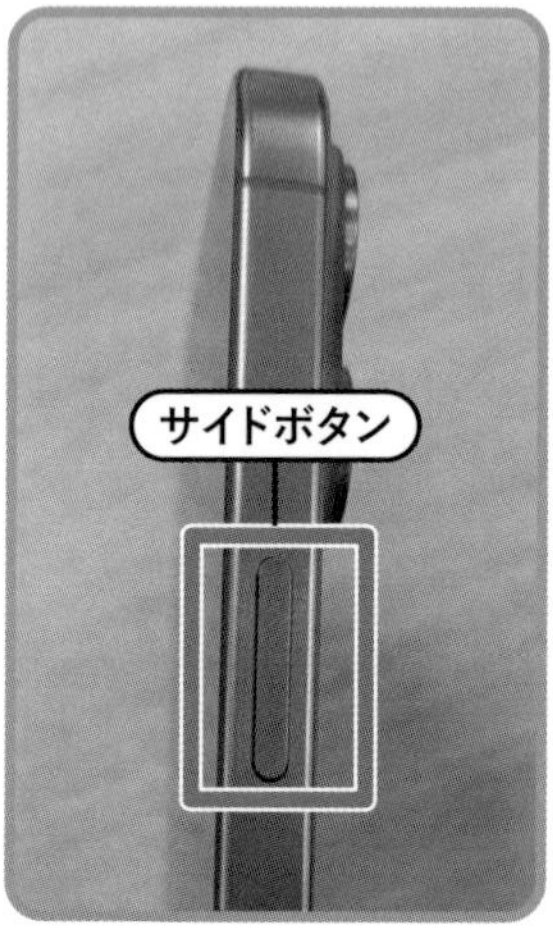

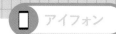

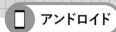

スマホ語辞典

玉井

スマホの用語には、カタカナや英語でわかりにくいものが多いです。ここでは、スマホ教室で質問が多い言葉や、特によく使われる言葉の意味を解説します。

知らない言葉は、この辞典でぜひ覚えていってくださいね。

アンドロイド

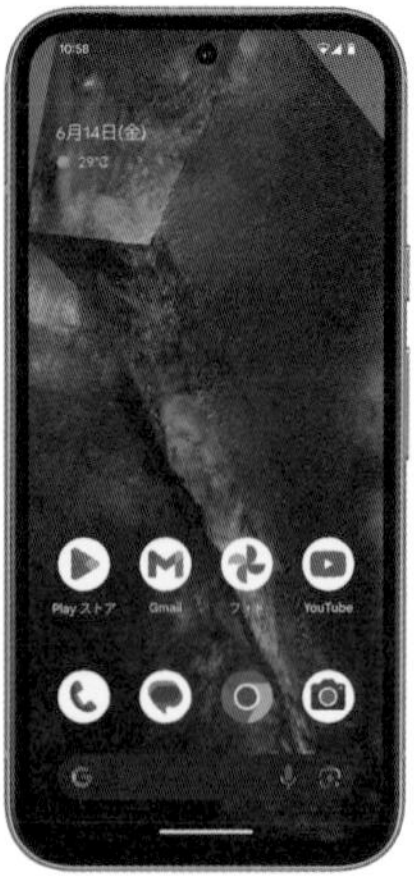

アンドロイドはグーグルという会社が作ったスマホの仕組みです。多くの企業がアンドロイドの仕組みを使いスマホを製造・販売しています。スマホの機種により使い方が異なり、値段は安いものから高額なものまでさまざまです。

アイフォン

アイフォンはアップルという会社が作ったスマホです。アイフォンは全てこのアップルが販売しているため、操作方法は共通しています。アンドロイドと比較すると高額ですが、機種ご

との違いが少ないです。正式なカタカナ表記は「アイフォーン」ですが、本書では一般的な「アイフォン」と記載しています。

アプリ

アプリは、スマホで使う便利な道具のことを指します。たとえば、地図を見るための道具、電車の時刻を調べる道具、天気予報を調べる道具など、目的に合わせて使い分けることができます。アプリの多くは無料ですが、有料のものもあります。

ストレージ

ストレージは、道具箱の大きさだと捉えてください。スマホにより大きさが異なります。いろいろな道具（アプリ）やカメラで撮った写真や動画がすべてこの道具箱に入ります。一番容量を占めるのが動画、次いで写真です。不必要な動画や写真を削除すると道具箱の空きが増えます。スマホの『設定』で『ストレージ』と検索すると道具箱の大きさ（例：64GB）と道具箱の空きが分かります。

Playストア

アプリの市場《いちば》（道具市場）で、プレイストアという名前です。

アンドロイドのスマホで新しいアプリ（道具）を手に入れるときに使います。

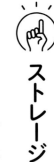

App Store

アプリの市場（道具市場）で、アップストアという名前です。

アイフォンで新しいアプリ（道具）を手に入れるときに使います。

再起動

再起動は、スマホの調子が悪くなったときの基本的な対処方法です。スマホを長時間使い続けていると、動きが遅くなったり、アプリが正しく動かなくなったりすることがあります。そんなときは、電源を一度切ってから、もう一度入れ直してみましょう。

タップ

本書では「タッチ」と記載しています。優しく一瞬タッチしてください。スマホは指先の微量な静電気を感知して反応します。手が乾燥すると反応が悪くなります。タッチペンを使うとストレスなく操作ができます。

スワイプ

本書では「スライド」と記載しています。指を画面につけたまま上下や左右になぞるように操作する方法です。指を動かし始めの場所から指を離す場所までスマホが認識し反応しています。

（LINEの）スタンプ

LINEには文字だけでなく、さまざまなマークを送ることができ、そのマークをスタンプと呼びます。顔や文字付きなどいろいろあります。最初からスタンプが入っていますが、スタンプを追加することもできます。スタンプは無料のものと有料のものがあります。

（LINEの）グループ

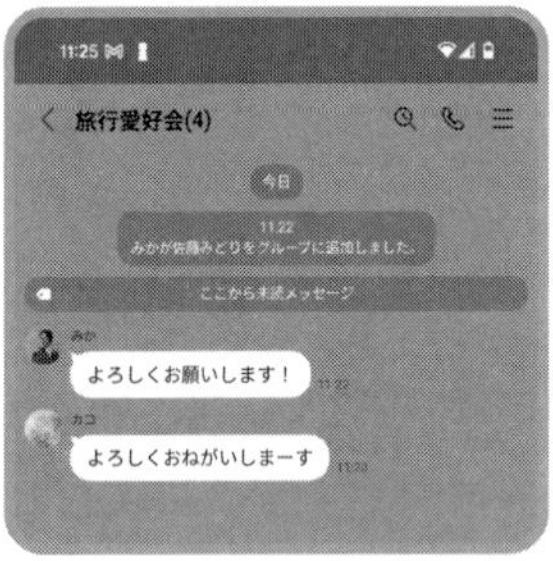

グループは、友だちや家族など、複数の人と同時にLINEでやりとりができる場所です。たとえば、家族グループを作れば、離れて暮らす家族みんなで写真を共有したり、連絡を取り合ったりすることができます。自治会の連絡用や、趣味の仲間との交流にも便利です。

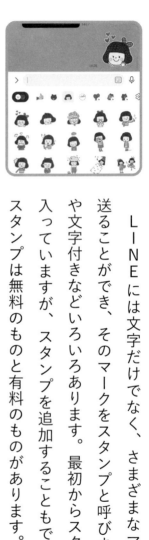

LINEのアルバム

ＬＩＮＥをやり取りしている相手（個人やグループ）と一緒に作る写真の展示場です。みんなに撮った写真を共有したいときは写真をＬＩＮＥのアルバムに保存しましょう。アルバムに保存することで期間を問わず写真を見ることが可能です。

Zoom《ズーム》

Ｚｏｏｍ（ズーム）は、インターネットを使ってテレビ電話のように、離れた場所にいる人と顔を見ながら話ができるアプリです。パソコンやスマホで使うことができ、複数の人と同時に話をできます。

たとえば、遠くに住む家族と顔を見ながら話したり、自治会や趣味のグループで会合を開いたり、オンライン教室に参加したりすることができます。

ＱＲ《キューアール》コード

このような模様をＱＲコード（キューアールコード）と呼びます。本書では10級でＬＩＮＥを使ったＱＲコードの読み取り方をお伝えしています。

最近はあらゆるところでこのＱＲコードが使われています。飲食店での注文や電子決済でもＱＲコードは多用されているので、まずはＬＩＮＥで読む練習をしてみましょう。

ＱＲコードはスマホのカメラからも読めますが、機種により使い方が異なるため、本書ではＬＩＮＥで読む方法をお伝えしています。

SNS《エスエヌエス》

SNSは、「ソーシャル・ネットワーキング・サービス」の略で、インターネット上で人とつながり、交流できる場所です。LINEのように自分の友達や家族だけに送るしくみとは異なり、メッセージのやりとりができるだけでなく、日々の出来事や写真を投稿して、多くの人と共有することができます。

代表的なSNSには、Facebook《フェイスブック》やインスタグラム、X《エックス》（旧Twitter《ツイッター》）などがあります。

Facebookは実名で使うことが多く、友人や家族とのつながりを大切にするサービスです。インスタグラムは写真や動画の共有が中心で、趣味や関心のある話題を見つけやすいのが特徴です。Xは、短い文章でいま起きていることを共有したり、ニュースをチェックしたりするのに便利です。最近ではＳＮＳで直接メッセージを送りつけ、詐欺をしかける手口が多いので、知らない人との個人的なやり取りは避ける事をおすすめします。

ショートメッセージ（SMS）

ショートメッセージ（ＳＭＳ）は、携帯の電話番号を使って短い文章を送り合うことができる機能です。電話をかけて話すほどでもないけれど、ちょっとした用事を伝えたいときに便利です。

最近では詐欺のショートメッセージが多いので、知らない相手からのメッセージは無視しましょう。

ＳＩＭ（シム）

ＳＩＭは、スマホの中に入っている、手の爪ほどの小さなカードです。このカードには、あなたの電話番号と、契約している携帯電話会社の情報が記録されています。このＳＩＭカードをスマホに入れることで、電話をかけたり、インターネットを使ったりすることができるようになります。カードの中には、契約者を識別するための大切な情報が入っていますので、なくさないように気を付けましょう。

モバイル通信

モバイル通信は、携帯電話会社が提供する電波を使って、どこでもインターネットにつながることができる仕組みです。Ｗｉ－Ｆｉ（ワイファイ）が使えない場所でも、携帯電話会社の電波が届く場所であれば、インターネットを利用することができます。

たとえば、電車の中や外出先でインターネットを使いたいとき、モバイル通信があれば地図を見たり、メールをチェックしたりすることができます。ただし、契約している携帯電話会社のプランによって、1か月に使える通信量が決まっています。Ｗｉ－Ｆｉと違って、使い過ぎると通信量の上限に達してしまい、インターネットの速度が遅くなることがあります。

キャリア

スマホを使うために契約する会社をキャリアと呼びます。ドコモ、エーユー、ソフトバンク、楽天モバイルをはじめユーキューやワイモバイルなどいろいろな会社があります。各社がさまざまなプランを提供しているので自分のスマホ生活にあったプランを選ぶことが大切です。

著者プロフィール

玉井 知世子（たまい ちよこ）

NPO法人日本シニアデジタルサポート協会代表理事。神戸市にある循環器内科クリニックに勤務する現役看護師。一般企業での勤務を経て、父の闘病をきっかけに34歳で看護師に転身。

訪問看護の仕事を通じ、シニアが豊かに生活するためにはスマホを使いこなすことが必要だと実感し、起業。
2021年 オンラインで高齢者が集い、語り合える「オンライン学級会」を開始。
2022年 シニアクラブや民生委員などスマホ教室を受託し、活動の幅を広げる。
2023年 大阪信用金庫の各支店でスマホ教室（オンライン・リアル）や企業のアプリサポートを実施。同年、更なる活動の拡大を目指しNPO法人日本シニアデジタルサポート協会を設立。企業や行政からの幅広い相談に対応しながら、高齢者×デジタルの分野で大学をはじめイベントなどでの講演も多数実施。また障害者デジタルデバイド解消にも取り組み、作業所や家族会などからの依頼を受けデジタル支援の講師も務める。全国的にスマホ講師の育成事業を展開し、北海道から九州まで多くの認定講師を輩出。
2024年11月、『第13回健康寿命をのばそうアワード!』にて厚生労働省健康・生活衛生局長優良賞を受賞。デジタル技術を活用した高齢者支援と健康促進活動が高く評価される。
2025年には、デイサービス向けのスマホ映像授業の監修・出演を予定している。

日本シニアデジタルサポート協会のホームページ

スタッフリスト

カバー・本文デザイン	田村 梓（ten-bin）
カバー・本文イラスト	梶浦 ゆみこ
デザイン制作室	鈴木 薫
執筆協力	井上 真花（有限会社マイカ）
制作担当デスク	柏倉 真理子
DTP	田中 麻衣子
編集	鹿田 玄也／寺内 元朗
編集長	玉巻 秀雄

本書のご感想をぜひお寄せください

https://book.impress.co.jp/books/1124101102

読者登録サービス CLUB IMPRESS

アンケート回答者の中から、抽選で**図書カード（1,000円分）**などを毎月プレゼント。
当選者の発表は賞品の発送をもって代えさせていただきます。
※プレゼントの賞品は変更になる場合があります。

■商品に関する問い合わせ先

このたびは弊社商品をご購入いただきありがとうございます。本書の内容などに関するお問い合わせは、下記のURLまたは二次元コードにある問い合わせフォームからお送りください。

https://book.impress.co.jp/info/

上記フォームがご利用いただけない場合のメールでの問い合わせ先

info@impress.co.jp

※お問い合わせの際は、書名、ISBN、お名前、お電話番号、メールアドレス に加えて、「該当するページ」と「具体的なご質問内容」「お使いの動作環境」を必ずご明記ください。なお、本書の範囲を超えるご質問にはお答えできないのでご了承ください。

- ●電話やFAXでのご質問には対応しておりません。また、封書でのお問い合わせは回答までに日数をいただく場合があります。あらかじめご了承ください。
- ●インプレスブックスの本書情報ページ　https://book.impress.co.jp/books/1124101102 では、本書のサポート情報や正誤表・訂正情報などを提供しています。あわせてご確認ください。
- ●本書の奥付に記載されている初版発行日から3年が経過した場合、もしくは本書で紹介している製品やサービスについて提供会社によるサポートが終了した場合はご質問にお答えできない場合があります。

■落丁・乱丁本などの問い合わせ先

FAX　03-6837-5023
service@impress.co.jp
※古書店で購入された商品はお取り替えできません。

シニア人生がガラリと変わる
スマホのワクワク練習帖

2025 年 3 月 21 日　初版発行

著　者　NPO 法人日本シニアデジタルサポート協会　玉井知世子

発行人　高橋隆志

編集人　藤井貴志

発行所　株式会社インプレス
〒 101-0051　東京都千代田区神田神保町一丁目 105 番地
ホームページ https://book.impress.co.jp/

印刷所　日経印刷株式会社

ISBN978-4-295-02138-4　C0055

Printed in Japan